石墨烯基材料
——科学与技术

Graphene-Based Materials Science and Technology

[美] Subbiah Alwarappan　　Ashok Kumar　　著

朱安娜　于　蒙　娄　雷　付礼程

李海明　赵红杰　李　阳　译

龙　峰　蔡伟伟　审校

刘景全　张立功　周　文　审阅

国防工业出版社

National Defense Industry Press

著作权合同登记 图字：军 -2015 -206 号

图书在版编目（CIP）数据

石墨烯基材料: 科学与技术/（美）苏比亚·奥尔沃潘（Subbiah Alwarappan），
（美）阿肖克·库马尔（Ashok Kumar）著; 朱安娜等译. — 北京: 国防工业
出版社, 2016.6
（国防科技著作精品译丛）
书名原文: Graphene-Based Materials:Science and Technology
ISBN 978-7-118-10814-9

Ⅰ.①石… Ⅱ.①苏… ②阿… ③朱… Ⅲ.①石墨—纳米材料—研究 Ⅳ.①TB383

中国版本图书馆 CIP 数据核字（2016）第 113962 号

石墨烯基材料——科学与技术

[美] Subbiah Alwarappan　Ashok Kumar　　著
朱安娜　于蒙　娄雷　付礼程　李海明　赵红杰　李阳　　译
龙峰　蔡伟伟　审校
刘景全　张立功　周文　审阅

出版发行　国防工业出版社
地址邮编　北京市海淀区紫竹院南路 23 号　　100048
经　　售　新华书店
印　　刷　北京嘉恒彩色印刷有限责任公司
开　　本　710×1000　1/16
插　　页　4
印　　张　10¾
字　　数　174 千字
版 印 次　2016 年 6 月第 1 版第 1 次印刷
印　　数　1—2000 册
定　　价　88.00 元

(本书如有印装错误，我社负责调换)
国防书店: (010) 88540777　发行邮购: (010) 88540776
发行传真: (010) 88540755　发行业务: (010) 88540717

译者序

　　石墨烯因其具有多种独特的性质，自 2004 年发现以来就引起了材料、半导体器件物理和纳米电子学等领域研究人员的极大兴趣，围绕石墨烯开展研究的热情持续至今、热度不减。

　　当前针对碳材料的科技书籍大多集中于介绍碳纳米管及富勒烯的性质、表征与应用，针对石墨烯的内容甚少，要么只涉及石墨烯的性质，要么只涉及石墨烯的应用，很难找到一本全面介绍其性质、表征及应用的科普性读物。为此，我们选择引进了 CRC (the Chemical Rubber Company) 出版社于 2013 年 10 月出版的《石墨烯基材料 —— 科学与技术》(Graphene-Based Materials: Science and Technology) 这本科普性较强的专业书籍，目的是为国内材料学、半导体器件物理学、光电子学、环境保护及化学工程等领域的相关工作者提供较为全面且浅显易懂的阐述石墨烯合成、表征及应用的知识。

　　本书由朱安娜副研究员负责翻译，于蒙、娄雷、付礼程、李海明、赵红杰、李阳等同志参与了相关工作。其中，朱安娜同志负责第 1 章的翻译及全书的审校、统稿工作，于蒙负责第 4 章的翻译及部分文字的修订工作；娄雷负责第 6 章的翻译及部分文字的修订工作；付礼程负责第 3 章的翻译及第 3 章、第 4 章、第 6 章图表的绘制工作；李海明负责第 5 章的翻译及第 1 章、第 2 章、第 5 章图表的绘制工作；赵红杰负责第 2 章的翻译及文本格式的修订工作，李阳负责名词术语表的核对以及部分文字的修订工作。中国人民大学环境学院的龙峰教授和厦门大学物理学院的蔡伟伟教授对译稿进行了审校。

本书得到总装备部人才战略工程专项基金资助,在翻译过程中得到了国防工业出版社编辑以及防化研究院的习海玲研究员、刘景全研究员、张立功高级工程师、周文高级工程师、盖希杰工程师的大力支持,在此深表感谢!

由于本书涉及内容广泛,翻译人员经验和水平有限,疏漏与不妥之处在所难免,敬请读者批评指正。

译者

2016 年 3 月

前言

　　石墨烯这种仅有一个原子厚度的碳材料,因具有多种独特的性质 (如特殊的电子学性能、半整数量子霍尔效应、弹道电子输运、光电性能和较高的晶化程度等),自从被发现以来得到了持续不断的研究。此外,石墨烯还能提供真正独特的功能,它的二维电子态不是深埋于材料表层之下,因此这些电子可以很容易地被隧道探针或其他探针直接探测到,这一点与其他大多数半导体系统明显不同。到目前为止,石墨烯被认为是已知的强度最高、厚度最小的材料。将石墨烯应用于纳米电子学领域的研究取得了巨大的进步。此外,石墨烯还曾用于检测 DNA、RNA、蛋白质和核酸等生物学体系。以石墨烯制备的纳米器件可用于细菌和病原体的检测。目前,石墨烯是从小型计算机到高储能电池和电容器等各项技术的关键所在。石墨烯有多个方面的属性吸引了物理学家、材料学家和电气工程师的关注,其中一条是:与硅相比,它可以构建规模更小、速度更快的电路。由于石墨烯所展现出的这些特性,其发明人 A. K. Geim 和 K. S. Novoselov 于 2010 年获得诺贝尔物理学奖。本书分析了石墨烯研究的最新进展,如合成、属性以及在某些领域的重要应用等。

　　第 1 章简要介绍了石墨烯的历史和它的重要性能。第 2 章讨论了文献所提及的石墨烯的各类合成方法。第 3 章简要概述了一些重要的表征技术,这些技术可将石墨烯从它的同素异形体中区分开来。第 4 章详细介绍了石墨烯在气体传感器方面的应用。第 5 章详细讨论了石墨烯在生物传感器和能源储存方面的应用。第 6 章展示了石墨烯基材料在光子器件和光电器件方面的重要应用。

我们要感谢 Shyam Mohapatra 教授 (坦帕市南佛罗里达大学医学院纳米医学研究中心特聘教授和主任), 他在本书的成稿过程中提出了宝贵意见和建议。

Alwarappan 博士还要感谢 Chen-zhong Li 博士 (迈阿密佛罗里达国际大学生物医学工程系的考夫曼教授), 他正是与 Li 博士一起开始了石墨烯基电化学生物传感器的研究。自 2009 年以来, Li 博士始终支持着 Alwarappan 博士在石墨烯方面的工作。

我们还要感谢坦帕市南佛罗里达大学纳米技术研究和教育中心以及纳米医学研究中心的所有工作人员, 过去的两年里他们一直在支持我们所开展的石墨烯研究工作。

感谢出版商允许我们复制其出版期刊上的插图和实验图表。

我们还要感谢赞助商对我们研究工作的资助。

最后, Alwarappan 博士要感谢他的妻子和家人在本书撰写过程中给予的支持和鼓励。

Subbiah Alwarappan 博士
纳米技术研究和教育中心
工程学院
南佛罗里达大学, 坦帕市, 佛罗里达州
Ashok Kumar 教授
纳米技术研究和教育中心
工程学院
南佛罗里达大学, 坦帕市, 佛罗里达州

作者简介

Subbiah Alwarappan 博士　1999 年从印度阿拉加帕政府艺术学院 (位于泰米尔纳依邦卡拉库迪市) 获得化学学士学位, 2001 年获得印度总统学院 (位于泰米尔纳依邦钦奈市) 化学硕士学位。之后, 他得到国际研究生奖学金的资助, 前往澳大利亚麦考瑞大学 (位于澳大利亚悉尼市) 攻读博士学位 (电化学分析专业, 2006 年获博士学位)。在攻读博士学位期间, 他主要从事用于重要神经递质活体检测的小型热解碳电极的设计工作, 之后在爱荷华大学 (爱荷华市) 从事了一年的博士后研究工作。2007 年 11 月, 他搬到了迈阿密的佛罗里达国际大学, 在该大学从事了两年博士后研究工作 (2007 年 11 月至 2009 年 11 月)。接着, 他在位于坦帕市的南佛罗里达大学纳米技术研究和教育中心获得了一个职位, 并从事了一年的高级博士后研究工作 (2009 年 11 月至 2010 年 12 月)。此后, 他成为坦帕市南佛罗里达大学医学院以及纳米技术研究和教育中心的合作研究人员 (2011 年 1 月至 2013 年 1 月)。在此期间, 他的研究方向包括合成与表征新型碳基材料 (如石墨烯、碳纳米管等), 这些碳基材料可用于高性能生物传感器、免疫传感器、环境毒素检测以及电极表面各种过程模拟。Alwarappan 博士在电化学分析领域 (尤其是在石墨烯基电化学传感器领域) 发表了 26 篇同行评议科研论文。他还撰写了 3 章书稿, 并在学术会议、论坛和特邀报告会上发表了 20 余次演讲。他的文章被引用了 500 多次。他是皇家化学学会 (CRS)、美国化学学会 (ACS) 以及 Elsevier 出版社 30 余份期刊的受邀审稿人。他还是多个著名项目资助机构的评审人。

Ashok Kumar 博士　坦帕市南佛罗里达大学机械工程系教授。他的研究方向主要集中于研发具有多种用途的新型纳米材料。他的其他研究兴趣也包括 K-12 教育推广、性别和科学教育以及纳米技术的产业拓展。他已编著了 2 部教材，编辑了 7 本论文集，撰写了 12 章书稿 (包括 200 余篇同行评议学术论文)。作为一名优秀的研究人员，他的出色表现使其获得了许多殊荣，包括美国金属学会会员 (2007 年)、美国科学促进会会员 (2010 年)、ASM-IIM 客座演讲奖 (2007 年)、Theodore 和 Venette Askounes Ashford 杰出学者奖 (2006 年)、南佛罗里达大学杰出教师研究成就奖 (2004 年)、南佛罗里达大学总统优秀青年教师奖 (2003 年)，美国国家科学基金会 (NSF) 教师创业奖 (2000 年)、国家研究理事会川宁 (Twining) 奖学金奖 (1997 年)、美国国家科学基金会和能源部 (Department of Energy, DOE) 促进竞争性研究实验计划 (Experimental Program to Stimulate Competitive Research, EPSCoR) 青年调研员奖 (1996—1997 年) 等。2009 年，他还从德尔诺特大学 (位于哥伦比亚州巴兰基亚市) 获得了 Honorario 教授奖学金，2013 年在南佛罗里达大学获得优秀教师奖。

目录

第 1 章

石墨烯简介

1.1　石墨烯: 历史和背景

　　针对石墨烯存在的可能性, 或者说针对碳的二维同素异形体存在的可能性, 已经开展了 60 余年的理论研究。"石墨烯" 这个词经常被用来描述碳的同素异形体的性质[1-3]。然而 40 余年后, 人们开始意识到, 石墨烯还是一种极佳的用于模拟 (2 + 1) 维量子电动力学的凝聚态物质[4-7], 从此以后石墨烯成为了一个蓬勃发展的理论 "玩具" 模型[7]。人们曾经认为石墨烯是不稳定的, 因为它具有像炭黑、富勒烯和碳纳米管那样的曲面结构。此外, 人们不相信会存在自由态的石墨烯。当 Geim 和 Novoselov 于 2004 年意外发现独立存在的石墨烯后, 关于石墨烯存在可能性的预测成为现实[8,9]。此外, 后续的实验表明, 其载荷子确实是无质量的狄拉克费米子[10,11]。正是由于这种现象, 石墨烯成为众多科研人员的材料研究对象。Geim 和 Novoselov 因发现了石墨烯, 于 2010 年共同获得诺贝尔物理学奖[12-14]。

　　石墨烯是由单层碳原子紧密堆积而成的二维蜂窝状透明晶格[8-11]。此外, 石墨烯通常被认为是所有其他碳同素异形体的 "母体" 或基本构筑单元。例如, 石墨烯可以团曲成零维的富勒烯, 也可以卷曲成一维的碳纳米管, 或堆叠成三维的石墨 (图 1.1)[8-11]。为了更详细地了解二维石墨烯, 本书先对二维晶体进行简要描述[7]。单个原子厚度的石墨烯平面是一种二维晶体, 而超过 100 层的石墨烯则通常被认为是一个三维的薄膜材料。然而, 长期以来一直存在一个疑问: 需要多少层才能形成三维结构呢? 在石墨烯中, 电子结构随着层数的增加而迅速变化, 并且在恰好为 10 层时, 达到石墨的三维限值[15]。

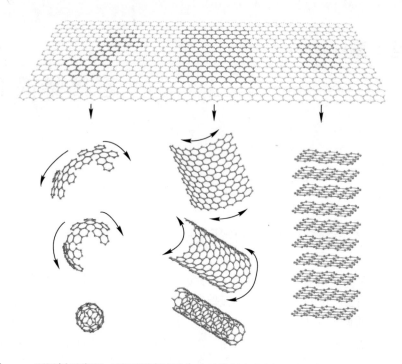

图 1.1 石墨烯示意图。石墨烯可以团曲成零维的富勒烯, 可以卷曲成一维的碳纳米管 (CNTs), 或堆叠形成三维石墨。(经授权引自 A.K. Geim, K.S. Novoselov, *Nat. Mater.* 6, 183–191, 2007)

单层石墨烯 (single-layer graphene, SLG) 和双层石墨烯 (bilayer graphene) 具有简单的电子光谱, 两者都是零带隙半导体 (也称为零交叠半金属), 分为电子型和空穴型两类。3 层或 3 层以上石墨烯的光谱将变得过于复杂。进一步而言, 对于这种 3 层或 3 层以上的石墨烯, 可以观察到几种载荷子形式, 而且导带和价带开始交叠[8,15,16]。根据上述属性, 就能够很容易地将单层、双层及少数层 (3~10 层) 石墨烯区分成 3 种不同类型的二维晶体。

在石墨中, 屏蔽长度只有 5Å (不足 2 层厚)。所以, 即便是仅有 5 层厚的薄膜, 研究人员也需要区分其表面及主体部分[15,16]。采用化学剥离法可以将某些化合物插入块状石墨内, 通过介入原子或分子层的作用将石墨烯平面分离, 从而形成新的三维材料[17]。然而在某些情况下, 大分子可以插入原子层之间, 导致更大的分离, 这样形成的混合物可以看作是一个嵌入三维矩阵中的孤立石墨烯层。此外, 人们也常在某一化学反应中脱除插入的分子, 从而获得由重叠或卷曲石墨烯构成的泥渣[18-19]。由于其特性难以控制, 迄今为止石墨烯泥渣没有引起多大兴趣。石墨烯由于具有优异的机械、电力学、热力学、光学性质以及巨大的面体比 (例如, 1 g 石墨烯的面积就足以覆盖好几个足球场), 因而具有广阔的应用前景[12,20]。

根据文献, 石墨烯具有如下的非凡性质: 弹性模量约 1100 GPa[21]; 拉伸强度为 125 GPa[21]; 热导率约 50000 $W \cdot m^{-1} \cdot K^{-1}$[22]; 载荷子的迁移速度为 200000 $cm^2 \cdot V^{-1} \cdot s^{-1}$[23], 比表面积计算值为 2630 $m^2 \cdot g^{-1}$[24]。它有令人惊异的电荷输运现象, 如量子霍尔效应 (quantum hall effect, QHE)[25]。由于石墨烯具有可延展的 $\pi - \pi$ 共轭键, 因而具有特殊的热、光和电性质[26]。还值得一提的是, 石墨烯含有一些具有表面活性的功能团, 如羧基、酮、醌及 C=C 双键。其中, 羧基和酮功能团具有较高活性, 极易与一些生物分子共价结合, 从而在应用于不同的生物传感器时, 会影响到功能化石墨烯与生物分子结合的可能性[27-30]。此外有报道证实, 石墨烯及化学修饰石墨烯 (chemically modified grapheme, CMG) 是颇具前景的储能材料[24]、类纸式材料[31,32]、高分子复合材料[33,34]、液晶器件[35] 和机械谐振器[36-38] 的备选物。

"石墨烯" 是国际纯化学与应用化学联合会 (international union of pure and applied chemistry, IUPAC) 委员会推荐的用来取代现有 "石墨层" 这个词的, 因为三维堆叠结构被定义为 "石墨", 因此 "石墨" 这个术语和 "单碳层"(single-carbon-layer) 结构研究无关[39]。目前, "石墨烯" 是指二维单层碳原子结构, 它被认为是石墨材料 (如富勒烯、碳纳米管和石墨) 的基本构件[39]。

1.2　石墨烯的属性

自 2006 年起, 从原始石墨烯上已发现了好几个引人关注的突出属性。石墨烯所具有的令人兴奋的性质包括高电荷 (电子和空穴) 迁移率 (230000 $cm^2 \cdot V^{-1} \cdot s^{-1}$), 可见光吸收率高达 2.3%、高热导率 (3000 $W \cdot m^{-1} \cdot K^{-1}$)、高强度 (130 GPa) 以及较高的理论比表面积 (2600 $m^2 \cdot g^{-1}$)[37-39]。此外, 石墨烯即使在环境温度下也具有半整数量子霍尔效应 (即使在零载流子浓度下, 其最低霍尔电导率亦为 4 $e^2 \cdot h^{-1}$),

这使得研究人员对其充满极大研究热情[39]。本书主要关注和探讨石墨烯的一些基本属性, 正是这些属性使石墨烯具有广阔的应用前景。

1.2.1 电荷输运性能

原始石墨烯是一个零带隙半导体[39]。sp^2 杂化碳原子在二维空间里排列成六角形。一个六角环包含 3 个强大的面内西格玛键, 垂直于这个环平面[39]。不同石墨烯层通过较弱的 pz 相互作用结合在一起。较强的面内化学键可以保持六角结构的稳定, 并使得三维结构的 (石墨) 能通过机械力剥离成独立的石墨烯片[39]。如前所述, 单层、无缺陷的石墨烯可以使用透明胶带通过微机械剥离法获得[39]。这种方法可提供一种二维的石墨烯平台, 这个平台是研究石墨烯晶体基本性质的基础。

石墨烯有一个有趣的现象, 那就是载荷子的反常行为, 此处载荷子表现为无质量的相对粒子 (狄拉克费米子)[39]。一般来说, 与处于磁场中的电子相比, 狄拉克费米子的行为是不正常的。例如, 即使在室温下也可以观察到异常整数量子霍尔效应 (integer quantum hall effect, IQHE)[39-42]。石墨烯中的载荷子具有独特的内在属性, 与相对粒子相仿, 被认为是无静止质量的电子。采用 $(2+1)$ 维狄拉克方程可以更为贴切地描述这些粒子的行为[7,39]。单层石墨烯的能带结构是由介于两个等价点 K 和 K^0 之间的两个能带构成 (K 和 K^0 为狄拉克点, 此处价带和导带发生了退化, 从而使石墨烯成为一种零带隙的半导体) (图 1.2)。石墨烯的电导率与石墨烯的品质直接相关。例如, 石墨烯的品质越高 (此时其晶体晶格的缺陷密度较低), 其电导率越高。一般来说, 缺陷会成为散射点, 并且会通过限制电子的平均自由程来阻滞电荷输运。根据某些证据, 原始石墨烯是无缺陷的, 其电导率受到一些外在因素影响[39]。

影响石墨烯电导率的主要因素包括表面电荷捕获、界面声子和基底褶绉[39,43-46]。根据 Kim 及其同事的研究[37], 对于 Si/SiO_2 栅电极上通过机械剥离法形成的石墨烯层, 在载流子密度为 2×10^{11} cm^{-2} 的条件下, 其电子迁移率超过 200000 $cm^2 \cdot V^{-1} \cdot s^{-1}$ (图 1.3)。此外, 采用悬浮态单层石墨烯可弱化基底诱导散射作用, 当存在诱导电流时, 迁移率可升高至 230000 $cm^2 \cdot V^{-1} \cdot s^{-1}$。单层石墨烯的另一个重要特点是, 当施加一个所需的栅压时, 载荷子可以在电子和空穴之间调节, 这就是所谓的双极性电行为[7,8,39]。在正极性栅偏压条件下, 费米能级高于狄拉克点, 促使电子填充到导带中, 而在负极性栅压条件下, 费米能级低于狄拉克点,

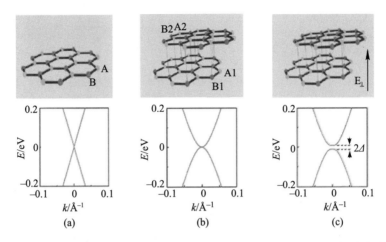

图 1.2　石墨烯的带隙。(a) 单层石墨烯晶格结构示意图。(b) 双层石墨烯晶格结构示意图。绿色和红色晶格点分别表示单层 (双层) 石墨烯中的 A(A1/A2) 和 B(B1/B2) 原子。该图为计算出的在低能量范围内的能量色散关系图, 从中可以看出单层和双层石墨烯均为零带隙半导体。(c) 当在双层石墨烯上施加垂直电场 E 时, 可以在双层石墨烯中打开一个带隙, 其大小 (2Δ) 可以由电场强度加以调控。(经授权引自 J.B. Oostinga, H. B. Heersche, X. Liu, A.F. Morpurgo, L. M.K. Vandersypen, *Nat. Mater.* 7, 151–157, 2008)(彩色版本见彩图)

促使在价带中生成空穴, 其浓度为 $n = \alpha V_g$ (α 是一个取决于 SiO$_2$ 层的系数, SiO$_2$ 层在场效应器件中作为电介质使用, V_g 是指栅电压)。

　　研究人员将石墨烯看作是新一代电子器件的关键材料。石墨烯即使在电中性点也呈现出零能带隙, 如果将石墨烯用作电子材料, 这是它的缺点之一[39]。零能带隙会限制其于逻辑应用方面的使用, 且需要频繁的开/关转换。然而, 如果将石墨烯限定于纳米条带或石墨烯量子点的形式, 且通过偏置双层石墨烯来实现横向量子约束, 则可以改变石墨烯的价带结构[39,47−53]。在锯齿型和扶手椅型纳米条带中都可观察到带隙开口。关于这一点, 已经通过实验和理论进一步证实, 且带隙开口随条带的宽度和边界的无序程度而变化[39,54]。掺杂和边缘功能化可改变纳米条带的带隙[39,55]。值得特别注意的是, 有好几项针对石墨烯开展的主要工作均与场效应晶体管 (field-effect transistors, FETs) 有关。石墨烯场效应晶体管如图 1.4 所示, 它由栅极、源极、漏极、连接源极和漏极的石墨烯通道以及一个将栅极和石墨烯通道分隔开的介质阻挡层 (SiO$_2$) 构成。在某些研究中, 采用的是 300 nm 的 SiO$_2$ 层。其中, 石墨烯作为介质层, 硅作为背栅极。由于 300 nm SiO$_2$ 层具有较大的寄生电容, 它很

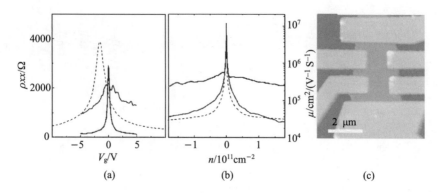

图 1.3　石墨烯电导率。(a) 四探头电阻率 ρ_{xx} 随栅电压 V_g 的变化图, 其中蓝色线条表示电流退火之前, 红色线条表示电流退火之后; 作为对比, 取自某传统高迁移率器件的数据也同样绘于该图中 (见灰色虚线)。栅压控制在 ± 5 V 的范围内, 以避免发生机械损毁。(b) 同一器件的迁移率 ($\mu = 1/en\rho_{xx}$) 随载流子密度 n 的变化图。(c) 在实施测量前, 悬浮石墨烯的原子力显微镜 (atomic force microscopy, AFM) 图像。(经授权引自 K. I. Bolotin, K. J. Sikes, Z. Jiang, M. Klima, G. Fudenberg, J. Hone, et al., *Solid State Commun.* 146, 351—355, 2008)(彩色版本见彩图)

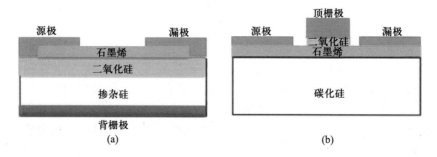

图 1.4　(a) 背栅极石墨烯场效应器件。(b) 顶栅极石墨烯场效应器件。垂直电场强度可通过背栅压 V_g 和顶栅压 V_{top} 来调节。(经授权引自 V. Singh, D. Joung, L. Zhai, S. Das, S. I. Khondaker, S. Seal, *Prog. Mater. Sci.* 56, 1178—1271, 2011)

难与其他电子元器件集成。因此, 研究人员开发出了顶栅极的石墨烯基器件[39,56]。分别采用了机械剥离法制备的石墨烯[39,56-59]、在镍和铜基质上通过化学气相沉积法 (chemical vapor deposition, CVD) 生长的石墨烯, 以及通过外延法制备的石墨烯来设计顶栅极石墨烯基金属氧化物半导体场效应晶体管 (metal-oxide semiconductor FETs, MOSFETs)。此外, Al_2O_5、SiO_2 和 HFO_2 等介电材料也曾用于制备顶栅极[39,53,60-63]。

大面积外延法制备的石墨烯因其具有可扩展性, 从而可用于电子器件, 这已获得了广泛的认知[39]。生长在 SiC 上的少数层石墨烯薄膜展示出了优异的电子特性, 可媲美于单张石墨烯层[39]。然而, 其电荷输运性能比原始石墨烯低一个数量级。同时, 学术界还存在一个矛盾的观点, 有人认为带隙是开口于大面积外延法制备的石墨烯中[39]。一些报告表明, 在石墨烯层中的零带隙恰好位于碳缓冲层之上。另一方面, 也有报告说零带隙约为 0.26 eV[39,63-65]。De Heer 等[66] 开发了一种在 SiC 基底上外延生长石墨烯的方法。该项研究报告说, 在碳终止面上生长的石墨烯的电子迁移性高于在硅终止面上生长的石墨烯的电子迁移性, 这是因为结构不同造成的, 且这种情况可以进行门控[39]。De Heer 等[64] 在另一项研究中证实, 随厚度增加, 能隙降低了约 0.26 eV, 当层数超过 4 层后能隙接近于零。在单层石墨烯中, 能隙为 0.26 eV, 在双层和三层石墨烯中该值为 0.14 eV, 这是因为石墨烯与基底之间存在相互作用, 导致对称性打破而造成的。

Emtse 及同事[67] 在晶元级石墨烯层的硅终结面内实现了电子的高迁移率 (在 27 K 时为 2000 cm^2·V^{-1}·s^{-1}, 在 300 K 时为 930 cm^2·V^{-1}·s^{-1})。晶元级石墨烯层是在氩气中将 SiC 进行非原位大气压石墨化而制备的[39]。然而, 在另一项研究中发现, 在环境条件下, 测得的硅面上多层外延石墨烯薄膜的电子迁移率参数为 600~1200 cm^2·V^{-1}·s^{-1}, 而在开/关比率高达 7 的碳终结面中, 迁移率可达到 5000 cm^2·V^{-1}·s^{-1}[39]。这种差异是因两个面上的石墨烯晶域大小不同而造成的[39,61]。据报道, 相对于硅面石墨烯, 碳面石墨烯上的单个晶域尺寸明显较大[39,68], 因而对于平均自由程较长的电荷而言, 具有结构上的一致性, 从而使得电迁移率较高。

对于大批量合成石墨烯, 通常是采用 CVD 技术在不同基底上生长石墨烯层来实现。已有许多研究陈述和讨论了单层及少数层石墨烯在不同基底上的生长情况。Reina 等[69] 证明, 通过 CVD 技术, 常压条件下即可在镍基底上生长单层石墨烯和少数层石墨烯 (20 μm 横向尺寸)。然而, 石墨烯厚度不均匀, 以及薄膜内部晶界散射现象会导致电子调制失效, 因此, 可观察到电子和空穴的场效应迁移率发生大幅波动 (100~2000 cm^2·V^{-1}·s^{-1})[39]。在镍基底上通过 CVD 法生成、之后转移到 SiO$_2$ 基底上的大面积石墨烯薄膜, 其电子迁移率超过 3700 cm^2·V^{-1}·s^{-1}, 它的半整数量子霍尔效应与微机械剥离法生成的石墨烯层相同, 与单层石墨烯的特征也相近。镍是广泛应用的用于生长大面积、高质量单层和少数层石墨烯的首选材料[39,70-74]。然而, 在这种基底上生长而得的石墨烯粒径较小, 易在晶粒边缘处发生多层沉积, 而且碳会溶于镍基底中[39]。

在另一项研究中, Ruoff 和同事[60] 采用铜箔 (因为碳在铜中的溶解度较低) 来大量生长单层石墨烯。他们的实验结果表明, 不足 5% 的表面上覆盖着少数层石墨烯。生成的石墨烯薄膜中, 电子迁移率高达 $4050\ cm^2 \cdot V^{-1} \cdot s^{-1}$。Zhou 等[71] 还揭示了采用 CVD 技术在环境压力条件下, 在一大块铜基晶片 (尺寸达 3 英寸) 上沉积石墨烯薄膜的可行性。该研究显示, 当薄膜的开/关比率约为 4 且存在半整数量子霍尔效应时, 双极性场效应的迁移率高达约 $3000\ cm^2 \cdot V^{-1} \cdot s^{-1}$。

在大规模应用单层石墨烯遇到困难后, 研究者开始转向研究双层和少数层 (<10) 石墨烯。双层石墨烯也表现出异常的半整数量子霍尔效应, 但不同于单层石墨烯的半整数量子霍尔效应。双层石墨烯的载流子在 K 点附近有一个抛物线能谱, 从而揭示了双层石墨烯的无带隙特性 (图 1.5)[39,74]。此外, 双层石墨烯在电中性点呈金属性[39,74]。对于双层石墨烯, 其电荷粒子是手性的, 类似于无质量的狄拉克费米子, 但仍有一个有限的质量 ($0.05\ m_o$)。

尽管双层石墨烯是无带隙的, 但可以通过控制垂直于石墨烯平面的电场强度来控制其电子带隙[66]。双栅极法是用于证明双层石墨烯绝缘态 (因电导率大幅压缩而形成) 控制感应效果的最佳方法[39]。带隙的大小与两个石墨烯平面之间的电压降成正比, 该值可以高达 $0.1 \sim 0.3$ eV。然而, IBM 托马斯·沃森研究中心的一个研究小组[75] 指出, 在双栅极的双层石墨烯场效应晶体管内, 双层石墨烯场效应晶体管具有较高的开/关电流比 (在室温和 20 K 条件下, 分别约为 100 和 2000), 测量出的带隙超过 0.13 eV[39]。

很多研究表明, 双层石墨烯的电子带隙可以通过施加一个电场来加以调节, 这就为双层石墨烯作为一种可调能带隙半导体应用于多个电子学领域 (例如, 光电探测器、太赫兹技术、红外纳米光子学、伪电子自旋技术和激光产品) 提供了机会[39,76-83]。他们也指出, 可以将带隙值调整到大于 0.2 eV。

能够大规模加工的石墨烯晶片也有望用于石墨烯增强复合材料、透明导电薄膜、储能材料等[39]。化学和热还原处理氧化石墨烯 (graphene oxide, GO) 是一种颇有发展前景的方法, 可以提供大批量的石墨烯[26,39,84]。研究人员一直在不断努力改善还原氧化石墨烯 (reduced graphene oxide, RGO) 的电子输运性能, 以使其应用于电气方面[39]。氧化石墨烯由于含氧功能团的存在, 具有很高的电阻率

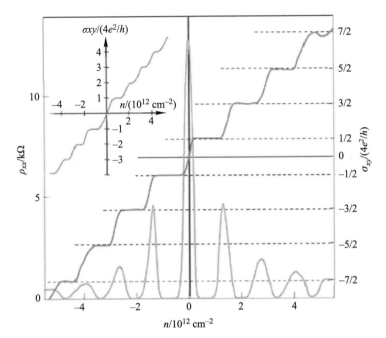

图 1.5　无质量的狄拉克费米子量子霍尔效应。当 $B = 14$ T，$T = 4$ K 时，石墨烯的霍尔电导率 σ_{xy} 和纵向电阻率 ρ_{xx} 随浓度的变化情况。$\sigma_{xy}\Xi(4e^2/h) \cdot v$ 是根据所测得的 $\rho_{xy}(V_g)$ 和 $\rho_{xx}(V_g)$ 之间的关联性计算出来的，其中，$\rho_{xy} = \rho_{xy}/(\rho_{xy}^2 + \rho_{xx}^2)$。$1/\rho_{xy}$ 的行为相似，但在 $V_g \approx 0$ 处表现出不连续性，该情况可以通过对 ρ_{xy} 进行绘图而避免。内插图为双层石墨烯的 σ_{xy}，其中量化序列是正常的，只发生于整数 V 处。后者表明半整数量子霍尔效应是理想石墨烯所独有的现象。(经授权引自 *Nature* 438, 197—200, 2005)(彩色版本见彩图)

(4 MΩ·m^{-2})[39]。用化学还原和热还原法脱去二维碳晶格上附着的功能团可部分恢复石墨烯的电导率；然而，这些过程会在碳晶格中引入结构缺陷，其电气性能与原始石墨烯相比有所降低[39]。与纯石墨烯相比，还原氧化石墨烯的电导率和电子迁移率会分别降低 2~3 个数量级[39]。晶格中出现空洞会降低电导率，且在还原过程中不能恢复。如果在 RGO 中存在一个完整的"纳米"级晶域，就会产生跳跃电导。此外，据称 RGO 拥有 2~200 cm^2·V^{-1}·s^{-1} 的场效应迁移率和 0.05~2 S·cm^{-1} 的电导率[39,78]。通过肼还原法得到的石墨烯可以作为 P 型半导体[39,79]。

　　然而，Chhowalla 等[83] 报道，RGO 薄膜在低温下呈现出可与石墨烯相媲美的双极性特征。在交叠石墨烯层的交界处发生的散射会造成较低的电荷迁移率 (空穴为 1 cm^2·V^{-1}·s^{-1}，电子为 0.2 cm^2·V^{-1}·s^{-1})。经化学还原处理后, RGO 薄层的电阻率会低至 43 kΩ·m^{-2}。与氧化石墨烯的电阻 (4 MΩ·m^{-2}) 相比, 热还原氧化石墨烯因发生了高温去氧化作用而表现出较低的电阻率 ($10^2 \sim 10^3\Omega$·m^{-2}) 和电导率 (约 100 S·cm^{-1})[39,81]。最近, 有人制备出了含化学转换石墨烯的石墨烯纸, 其电导率在室温下为 72 S·cm^{-1}[39,79]。这种石墨烯纸将有可能应用于制备膜材料、各向异性导体、透明电极和超级电容器。要获得更多关于单层、双层以及少数层石墨烯电子学特性的信息, 可参考 Neto 等[85] 和 Nilsson 等[51] 发表的有关文章。

1.2.2 量子霍尔效应

电荷粒子在二维晶格内是无质量的狄拉克费米子, 当施加一个磁场垂直于石墨烯平面时, 会对朗道能谱产生影响。

朗道能级可由下式计算:

$$E_j = \frac{\left(j + \frac{1}{2}\hbar e B\right)}{m e} \tag{1.1}$$

式中: $j(= 0, 1, 2, 3, \cdots)$ 是朗道指数; $\hbar = h/(2p)$。

因为具有无序性, 二维电子气 (two-dimensional electron gas, 2DEG) 的霍尔电导 σ_{xy} 在 $jh/2eB$ 处有一个峰值, 且是可量化的。它可由公式 $\sigma_{xy} = j(2e^2/h)$ 来表达, 由它可以推导出整数量子霍尔效应 (IQHE)。

与二维电子气相比, 石墨烯的朗道能级能量可由公式 $E_j = \pm v f\sqrt{2e\hbar B|j|}$ 表达。其中 $|j| = 0, 1, 2, \cdots$ 是朗道指数, B 是垂直于石墨烯平面的磁场强度。因为在 $j = 0$ 时, K 和 K' 点的朗道能级会发生双倍退化, 因此在电子和空穴之间的朗道能级水平相同, 这就导致了异常的整数量子霍尔效应。霍尔电导可表达为

$$\sigma_{xy} = \pm \frac{4\left(j + \frac{1}{2}\right)e^2}{h} \tag{1.2}$$

在固定磁场强度下, 以载流子浓度 n 为横坐标, 以单层石墨烯的霍尔电导为纵坐标绘图, 可发现单层石墨烯的霍尔电导有一个峰值。Novoselov 等人首次关注了这种异常的整数量子霍尔效应 (图 1.5)。此后, 他们还发现, 在零能级处 ($j = 0$), 电导率会出现一个极限值 ($\sigma_{xy} = 2e^2/h$)。在高能级时, 量子霍尔效应的峰值出现在半整数位置, 这使得霍尔电导呈现出等距阶梯状。在单层石墨烯中, 因为量子化条件会

随半整数偏移, 因此与传统的量子霍尔效应相比, 此处空穴和电子具有明显不同的量子霍尔效应。所观察到的石墨烯的拓扑特殊电子结构是由异常量化作用引起的[2,39]。一般而言, 在低温下, 特别是在低于液氮沸点之下时, 可观察到量子霍尔效应。

Novoselo 等[3] 在室温条件下观察到石墨烯中存在量子霍尔效应, 这是由于载荷子浓度较高 (高达 10^{13} cm^{-2}) 造成的。此外, 高迁移率 ($\mu \approx 10000$ cm^2·V^{-1}·s^{-1}) 使得无质量狄拉克费米子可在环境条件下以最小散射态运动。对于双层石墨烯, 载荷子呈现出抛物线能谱, 载荷子为手性的且具有有限质量[39,75]。大量狄拉克费米子的朗道量化过程会在标准的整数位置处出现霍尔电导率的峰值。霍尔电导率可表达为 $\sigma_{xy} = j(4e^2/h)$, 其中, j 为除零以外的整数。第一个峰值出现在 $j = 1$ 处。然而, 当 r_{xy} 为零时, 未出现峰值 (这与传统的量子霍尔效应不同)。在此区域, 霍尔电导率呈现两倍步长。

1.2.3 光学性能

一些报告证实, 单层石墨烯可在较宽的波长范围内吸收 2.3% 的入射光 (图 1.6)。采用精细结构常数可以很好地描述石墨烯的透射率[38-39,86]。人们发现, 随着层数的增加, 光吸收率呈线性增加 (每一层的吸收率 $A = 1 - T = \pi\alpha = 2.3\%$, 此处 $\alpha = 1/37$ 是精细结构常数)。石墨烯可以通过在 Si/SiO$_2$ 基底上进行光学成像对比而进行观察 (因为存在干涉散射效应), 这种对比度随层数的增加而增加。

在 300~2500 nm 范围内, 单层石墨烯的吸光率变化较平缓; 紫外吸收峰值约在 250 nm 处, 这是由空置的 p 态带间电子跃迁造成的 (图 1.7)[39,86]。此外, 通过电门控技术有效改变费米能级可以改变它们的光跃迁过程[29,39,85]。采用电门控技术和电荷注入技术, 可实现石墨烯基光电器件的可调控性, 从而使其可用于开发可调的红外 (IR) 探测器、调节器和发射器[29,39]。独特的电子输运特性以及光学特性已推动了新型光子器件的发展。已有人提出, 零带隙、大面积的单层和少数层石墨烯场效应晶体管可以用作超快光电探测器[39,87]。石墨烯表面发生的光吸收作用会在石墨烯内部产生可迅速复合 (皮秒级) 的电子–空穴对, 这取决于温度以及电子和空穴的密度[39,88]。当施加外场时, 这些空穴和电子可被分离, 也能由光电流产生。当有内场存在时, 亦能观察到类似行为。这种内场可在电极和石墨烯界面附近引发[39,87-90]。Bae 等[87] 指出, 石

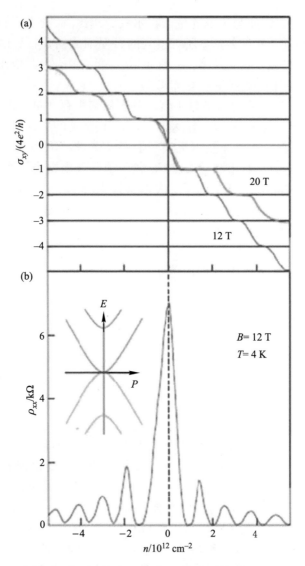

图 1.6 双层石墨烯的量子霍尔效应。(a)、(b) 分别为霍尔电导 σ_{xy} 和纵向 ρ_{xy} 随 n 的变化 (其中, 固定磁场强度 B, 温度 $T = 4\,K$)。σ_{xy} 可使一系列的量子霍尔效应峰看得更清楚。r_{xy} 跨越了零点, 未显示出任何零级峰值迹象, 通常在传统二维体系中可观察到零级峰。内插图为所计算出的双层石墨烯的能谱, 它在低 E 处呈现抛物线形状。(经授权引自 K. S. Novoselov, E. McCann, S. V. Morozov, V. I. Fal'ko, M.I. Katsnelson, U. Zeitler, et al., *Nat. Phys.* 2, 177—180, 2006)(彩色版本见彩图)

墨烯所具有的独特属性可实现高带宽 (>500 GHz) 光探测、较宽的波长检测范围、零电流操作以及优异的量子效率。

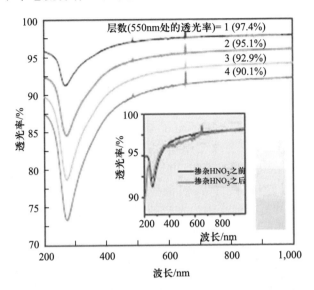

图 1.7   不同石墨烯层的透射率。石英基底上卷对卷、层对层形成的石墨烯薄膜的紫外可见光谱。内插图为经过或未经过 HNO₃ 掺杂的石墨烯薄膜的紫外光谱。(经授权引自 S. Bae, H. Kim, Y. Lee, X. Xu, J.-S. Park, Y. zheng, et al. *Nat. Nanotechnol.* 5, 574—578, 2010)(彩色版本见彩图)

石墨烯的另一个特性是它的光致发光 (photolumunescence, PL)[39]。可以通过诱导一个合适的带隙使石墨烯发光。目前有两种途径。第一种是将石墨烯剪切成纳米带和量子点[39]。第二种是用各种气体对石墨烯进行物理或化学处理，从而削减 π 电子网络的结合性[39,91−93]。例如，可以通过等离子体氧化处理基底上的单层石墨烯，从而诱导光致发光[39,94]。这样就可以通过仅蚀刻表层 (而不影响到底层) 的方法来设计或创建杂化结构。在固态氧化石墨烯和液态氧化石墨烯悬浊液中也广泛观察到了光致发光现象，采用先进的化学还原法可以猝灭光致发光。氧化作用破坏了 π 电子网络，打开了一条径直的带隙[39,95]。

荧光有机化合物对于发展低成本光电传感器至关重要[39,96]，尤其是与芳香类或烯类分子及其衍生物有关的蓝色荧光在显示和照明方面具有重要应用[39,97]。例如，剥离法形成的悬浊液沉积而成的氧化石墨烯薄膜呈现出蓝色光致发光[39,98]。光致发光及其与氧化石墨烯还原反应之间的依赖关系是氧化石墨烯 sp³ 晶格中小型 sp² 碳晶簇内电子–空穴对复合作用引起的[39,99]。

石墨烯所同时具备的光学和电学特性为其在各种光学和光电学方面的应用提供了新途径。石墨烯还有一些其他可行的应用领域, 包括用于光电探测器、触摸屏、发光传感器、光电子材料、透明导体、太赫兹器件和光学限幅器等[39]。

1.2.4　力学性能

意外遭受应力可能会破坏电子器件的操作性能和使用寿命。通常, 对晶体材料施加外力会改变原子间的距离并造成局部电荷的再分配, 这会在电力学结构中形成带隙, 并对电子输运特性产生显著影响。据报道, 石墨烯是已知材料中弹性模量和强度最高的物质。人们预计, 单层无缺陷的石墨烯具有最高的内在抗拉强度, 硬度与石墨相当。确定固有力学性能的方法是研究施加拉伸和压缩应力后声子频率的变化情况[39,100-104]。拉曼光谱是一种能够监测单轴拉伸以及流体静压条件下声子频率的技术[39,100-104]。拉伸应力通常会导致声子软化, 这是振动频率下降的结果。另一方面, 压缩应力 (流体静压力) 会导致声子硬化, 这是由于增加了振动频率的结果[39]。因此, 研究石墨烯中声子振动频率随应力的变化, 有望为研究压力传递至单个化学键的过程 (适用于悬浮态石墨烯的情况) 以及研究石墨烯与支撑基底之间原子级相互作用力 (适用于支撑态石墨烯的情况) 提供有用的信息[39]。

石墨烯层中的压缩和拉伸应变可通过观察施加应力后拉曼光谱中 G 和 2D 峰的变化来加以判断。增加应力会导致 G 峰分裂并发生红移[39]。即使是施加非常小的应力 (约 0.8%), 也可以观察到 2D 分裂 (而无任何拖肩峰)[100-104]。另一方面, Ni 等人注意到了在 SiC 基底上外延生长石墨烯的自相矛盾的行为[105]。在他们的工作中, Ni 等[105] 发现, 由于热生成石墨烯具有压缩应力, 与微机械剥离法石墨烯相比, 外延法石墨烯在所有的拉曼光谱中均存在蓝移现象。此外, 石墨烯的应力可能改变电子能带结构, 表明能隙可以通过施加可控应力来加以调节。有文献报道了在单轴向应变下调整带隙的情况[39,103,104]。为了调整带隙, 将单层石墨烯沉积在柔性聚对苯二甲酸乙二醇酯 (polyethylene terephthalate, PET) 上, 然后往一个方向拉伸 PET 膜, 就可以在单层石墨烯/三层石墨烯上施加一个单轴向拉伸应力 (高达 0.8%)。对于单层石墨烯, 在最高应力下 (0.78%) 可以检测到一个 0.25 eV 的带隙。单轴向应力会对石墨烯电学性能产生更为明显的影响, 因为它打破了 CAC 晶格的化学键。

1.2.5 热力学性能

石墨烯的热力学性能在石墨烯应用于电子器材方面起到了至关重要的作用[39]。热处理也是使电子元器件获得更好的性能和可靠性的一个重要因素[39]。在器件使用过程中需要将产生的热量耗散掉。石墨烯、金钢石、碳纳米管等碳的同素异形体通常表现出较高的导热系数, 这是由较强的 CAC 共价键和声子散射作用引起的[39]。在所有的碳同素异形体中, 碳纳米管表现出最高的热导率。在室温下, 多壁碳纳米管 (multiwall carbon nanotubes, MWCNTs) 和单壁碳纳米管 (single-wall carbon nanotubes, SWCNTs) 分别具有约 3000 W·m^{-1}·K^{-1} 和 3500 W·m^{-1}·K^{-1} 的热导率值[39,106–108]。然而, 对于碳纳米管基的半导体, 其主要问题是具有较大的热接触电阻。在最近的一份报告中, 无缺陷石墨烯表现出最高的室温热导率 (5000 W·m^{-1}·K^{-1})[6,39]。对于支撑态的石墨烯, 热导率约为 600 W·m^{-1}·K^{-1}。

对于生长在各种支撑层上的石墨烯的热导率, 目前尚未开展过详细研究。但是 Klemens 却预测了它的效果[109]。图 1.8 是一种用于确定仅有一层原子厚石墨烯的热导率的新方法[110]。在这种方法中, 使用激光 (488 nm) 加热石墨烯悬浊液, 热量将横向传播到石墨烯晶片边缘的散热器。使用共聚焦微拉曼光谱仪 (作为温度计) 测量石墨烯中 G 峰的位移,

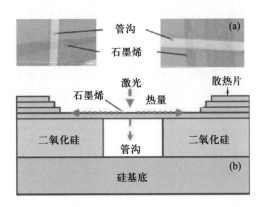

图 1.8 (a) 悬浮态石墨烯薄片的高分辨率扫描电镜照片。(b) 测量石墨烯热导率的实验装置示意图。(经授权引自 S. Ghosh, I. Calizo, D. Teweldebrhan, E. P. Pokatilov, D. L. Nika, A. A. Balandin, et al., *Appl. Phys.Lett*, 92, 151911, 2008)

从而可以确定温度的变化。热导率受到诸如缺陷边缘散射和同位素掺杂等因素的影响[39,110−112]。总之，所有这些因素都与热导率有关，因为缺陷处存在的声子散热以及掺杂引起的声子模式定位均会引起热导率变化。

参考文献

[1] P.R. Wallace, The band theory of graphite, *Phys. Rev.* 71, 622-634 (1947).

[2] J.W. McClure, Diamagnetism of graphite, *Phys. Rev.* 104, 666-671 (1956).

[3] J.C. Slonczewski, P.R. Weiss, Band structure of graphite, *Phys. Rev.* 109, 272-279 (1958).

[4] G.W. Semenoff, Condensed-matter simulation of a three-dimensional anomaly, *Phys. Rev.* Lett 53, 2449-2452 (1984).

[5] E. Fradkin, Critical behavior of disordered degenerate semiconductors, *Phys. Rev. B* 33, 3263-3268 (1986).

[6] F.D.M. Haldane, Model for a quantum Hall effect without Landau levels: Condensed-matter realization of the "parity anomaly", *Phys. Rev. Lett.* 61, 2015-2018 (1988).

[7] A.K. Geim, K.S. Novoselov, The rise of graphene, *Nat. Mater.* 6, 183-191 (2007).

[8] K.S. Novoselov, A.K. Geim, S.V. Morozov, D. Jiang, Y. Zhang, S.V. Dubonos, I.V. Grigorieva, A.A. Firsov, Electric field effect in atomically thin carbon films, *Science* 306, 666-669 (2004).

[9] D. Jiang, F. Schedin, T.J. Booth, V.V. Khotkevich, S.V. Morozov, A.K. Geim, Two-dimensional atomic crystals, *Proc. Natl. Acad. Sci. USA* 102, 10451-10453 (2005).

[10] K.S. Novoselov, A.K. Geim, S.V. Morozov, D. Jiang, M.I. Katsnelson, I.V. Grigorieva, S.V. Dubonos, A.A. Firsov, Two-dimensional gas of massless Dirac fermions in graphene, *Nature* 438, 197-200 (2005).

[11] Y. Zhang, J.W. Tan, H.L. Stormer, P. Kim, Experimental obselwation of the quantum Hall effect and Berry's phase in graphene, *Nature* 438, 201-204 (2005).

[12] G. Brumfiel, Andre Geim: In Praise of Graphene, October 7, doi:10.1038/news.2010.525 (2010). http://www.nature.com/news/2010/101007/full/news.2010.525.html.

[13] Associated Press, Graphene Pioneers Earn Nobel Prize in Physics, Octo-

ber 5, 2010. http://www.foxnews.com/scitech/2010/l0/05/uk-nobel-prize-physics-graphene/.

[14] CNN Wire Staff, Research into Graphene Wins Nobel Prize, October 5, 2010. http://www.cnn.com/2010/LIVING/10/05/sweden, nobel, physics/ index, html.

[15] B. Partoens, EM. Peeters, From graphene to graphite: Electronic structure around the K point, *Phys. Rev. B* 74, 075404 (2006).

[16] S.V. Morozov, K.S. Novoselov, E Schedin, D. Jiang, A.A. Firsov, A.K. Geim, Two-dimensional electron and hole gases at the surface of graphite, *Phys. Rev. B* 72, 201401 (2005).

[17] M.S. Dresselhaus, G. Dresselhaus, Intercalation compounds of graphite, *Adv. Phys.* 51, 1-186 (2002).

[18] H. Shioyama, Cleavage of graphite to graphene, *J. Mater. Sci. Lett.* 20, 499-500 (2001).

[19] L.M. Viculis, J.J. Mack, R.B. Kaner, A chemical route to carbon nanoscrolls, *Science* 299, 1361 (2003).

[20] S. Mazzocchi, Five Things You Need to Know about the Big Little Substance Graphene, October 8, 2010. http://www.pbs.org/wnet/need-to-know/five-things/the-big-little-substance-graphene/4146/.

[21] C. Lee, X.Wei, J.W. Kysar, J. Hone, Measurement of the elastic properties and intrinsic strength of monolayer graphene, *Science* 321,385-388 (2008).

[22] A.A. Balandin, S. Ghosh, W. Bao, I. Calizo, D. Teweldebrhan, E Miao, C.N. Lau, Superior thermal conductivity of single-layer graphene, *Nano. Lett.* 8, 902-907 (2008).

[23] K.I. Bolotin, K.J. Sikes, Z. Jiang, M. Klima, G. Fudenberg, J. Hone, P. Kim, H.L. Stormer, Ultrahigh electron mobility in suspended graphene, *Solid State Commun.* 146, 351-355 (2008).

[24] M.D. Stoller, S. Park, Y. Zhu, J.An, R.S. Ruoff, Graphene-based ultraca-pacitors, *Nano Lett.* 8, 3498-3502 (2008).

[25] Y. Zhang, Y.-W.Tan, H.L. Stormer, P. Kim, Experimental observation of the quantum Hall effect and Berry's phase in graphene, *Nature* 438, 201-204 (2005).

[26] M.J. Allen, V.C. Tung, R.B. Kaner, Honey comb graphene. A review of graphene, *Chem. Rev.* 110, 132 (2010).

[27] S. Alwarappan, A. Erdem, C. Liu, C.-Z. Li, Probing the electro-chemical

properties of graphene nanosheets for biosensing applications, *J. Phys. Chem. C* 113, 8853-8857 (2009).

[28] S. Alwarappan, C. Liu, A. Kumar, C.-Z.Li, Enzyme-doped graphene nanosheets for enhanced glucose biosensing, *J. Phys. Chem. C* 114, 12920-12924 (2010).

[29] Y. Liu, D. Yu, C. Zeng, Z.-C.Miao, L. Dai, Biocompatible graphene oxide-based glucose biosensors, *Langmuir* 26, 6158-6160 (2010).

[30] M. Zhou, Y.M. Zhai, S.J. Dong, Electrochemical biosensing based on re-duced graphene oxide, *Anal. Chem.* 81, 5603-5613 (2009).

[31] D.A. Dikin, Preparation and characterization of graphene oxide paper, *Nature* 448, 457-460 (2007).

[32] S. Park, K.S. Lee, G. Bozoklu, W. Cai, S.T. Nguyen, R.S. Ruoff, Graphene oxide papers modified by divalent ions-enhancing mechanical properties via chemical cross-linking, *ACS Nano* 2, 572-578 (2008).

[33] S. Stankovich, D.A. Dikin, G.H.B. Dommet, K.M. Kohlhaas, E.J. Zimney, E.A. Stach, R.D. Piner, S.T. Nguyen, R. Ruoff, Graphene-based composite materials, *Nature* 442, 282-286 (2006).

[34] T. Ramanathan, A.A. Abdala, S. Stankovich, D.A. Dikin, M. Herrera-Alonso, R.D. Piner, D.H. Adamson, H.C. Schniepp, X. Chen, R.S. Ruoff, S.T. Nguyen, I.A. Aksay, R.K. Prud'Homme, L.C. Brinson, Functionalized graphene sheets for polymer nanocomposites, *Nat. Nanotechnol.* 3, 327-331 (2008).

[35] P. Blake, P.D. Brimicombe, R.R. Naif, T.J. Booth, D. Jiang, E Schedin, L.A. Ponomarenko, S.V. Morozov, H.F. Gleeson, E.W. Hill, A.K. Geim, K.S. Novoselov, Graphene-based liquid crystal device, *Nano Lett.* 8, 1704-1708 (2008).

[36] J.S. Bunch, A.M. Van der Zande, S.S. Verbridge, I.W. Frank, D.M. Tanen-baum, J.M. Parpia, G.H. Craighead, P.L. McEuen, Electromechanical res-onators from graphene sheets, *Science* 315, 490-493 (2007).

[37] K.I. Bolotin, K.J. Sikes, Z. Jiang, M. Klima, G. Fudenberg, J. Hone, et al., Ultrahigh electron mobility in suspended graphene, *Solid State Commun.* 146, 351-355 (2008).

[38] R.R. Naif, P. Blake, A.N. Grigorenko, K.S. Novoselov, T.J. Booth, T. Stauber, et al., Fine structure constant defines visual trans parency of graphene, *Science* 320, 1308 (2008).

[39] V. Singh, D. Joung, L. Zhai, S. Das, S.I. Khondaker, S. Seal, Graphene based materials: Past, present and future, *Prog. Mater. Sci.* 56, 1178-1271 (2011).

[40] T.B. Zhang, Y.W. Tan, H.L. Stormer, P. Kim, Experimental observation of the quantum Hall effect and Berry's phase in graphene, *Nature* 438, 201-204 (2005).

[41] K.S. Novoselov, D. Jiang, F. Schedin, T.J. Booth, V.V. Khotkevich, S.V. Morozov, et al., Two-dimensional atomic crystals, *Proc. Natl. Acad. Sci. USA* 102, 10451-10453 (2005).

[42] K.S. Novoselov, Z. Jiang, Y. Zhang, S.V. Morozov, H.L. Stormer, U. Zeitler, et al., Room-temperature quantum Hall effect in graphene, *Science* 315, 1379 (2007).

[43] K. Nomura, A.H. MacDonald, Quantum Hall ferromagnetism in graphene, *Phys. Rev. Lett.* 96, 256602 (2006).

[44] E.H. Hwang, S. Adam, S. Das Sarma, Carrier transport in two-dimensional graphene layers, *Phys. Rev. Lett.* 98, 186806 (2007).

[45] J.C. Meyer, A.K. Geim, M.I. Katsnelson, K.S. Novoselov, T.J. Booth, S. Roth, The structure of suspended graphene sheets, *Nature* 446, 60-63 (2007).

[46] Y.-W. Son, M.L. Cohen, S.G. Louie, Energy gaps in graphene nanoribbons, *Phys. Rev. Lett.* 97, 216803 (2006).

[47] M.Y. Han, B. Ozyilmaz, Y. Zhang, P. Kim, Energy band-gap engineering of graphene nanoribbons, *Phys. Rev. Lett.* 98, 206805 (2007).

[48] Z. Chen, Y.-M.Lin, M.J. Rooks, P. Avouris, Graphene nanoribbon electronics, *Phys. E. Low-Dimen.Syst. Nanostruct.* 40, 228-232 (2007).

[49] B. Trauzettel, D.V. Bulaev, D. Loss, G. Burkard, Spin qubits in graphene quantum dots, *Nat. Phys.* 3, 192-196 (2007).

[50] T. Ohta, A. Bostwick, T. Seyller, K. Horn, E. Rotenberg, Controlling the electronic structure of bilayer graphene, *Science* 313, 951-954 (2006).

[51] J. Nilsson, A.H. Castro Neto, E Guinea, N.M.R. Peres, Electronic properties of bilayer and multilayer graphene, *Phys. Rev. B* 78, 045405 (2008).

[52] Y. Zhang, T.-T. Tang, C. Girit, Z. Hao, M.C. Martin, A. Zettl, et al., Direct observation of a widely tunable bandgap in bilayer graphene, *Nature* 459, 820-823 (2009).

[53] M. Evaldsson, I.V. Zozoulenko, H. Xu, T. Heinzel, Edge-disorder-induced Anderson localization and conduction gap in graphene nanoribbons, *Phys.*

Rev. B 78, 161407 (2008).

[54] F. Cervantes-Sodi, G. Csanyi, S. Piscanec, A.C. Ferrari, Edge-functionalized and substitutionally doped graphene nanoribbons:Electronic and spin properties, *Phys. Rev. B* 77, 165427 (2008).

[55] M.C. Lemme, T.J. Echtermeyer, M. Baus, H. Kurz, A graphene field-effect device, *IEEE Electron. Dev. Lett.* 28, 282-284 (2007).

[56] L. Liao, J. Bai, Y. Qu, Y.-C. Lin, Y. Li, Y. Huang, et al., High j oxide nanoribbons as gate dielectrics for high mobility top-gated graphene transistors, *Proc. Natl. Acad. Sci. USA* 107, 6711-6715 (2010).

[57] Y.-M. Lin, K.A. Jenkins, A. Valdes-Garcia, J.P. *Small*, D.B. Farmer, P. Avouris, Operation of graphene transistors at gigahertz frequencies, *Nano Lett.* 9, 422-426 (2008).

[58] L. Liao, J. Bai, R. Cheng, Y.-C. Lin, S. Jiang, Y. Huang, et al., Top-gated graphene nanoribbon transistors with ultrathin high-k dielectrics, *Nano Lett.*10, 1917-1921 (2010).

[59] J. Kedzierski, P.-L. Hsu, P. Healey, P.W. Wyatt, C.L. Keast, M. Sprinkle, et al., Epitaxial graphene transistors on SiC substrates, *IEEE Trans. Electron. Dev.* 55, 2078-2085 (2008).

[60] X. Li, W. Cai, L. Colombo, R.S. Ruoff, Evolution of graphene growth on Ni and Cu by carbon isotope labeling, *Nano Lett.* 9, 4268-4272 (2009).

[61] X. Peng, R. Ahuja, Symmetry breaking induced bandgap in epitaxial graphene layers on SiC, *Nano Lett.* 8, 4464-4468 (2008).

[62] S.Y. Zhou, G.H. Gweon, A.V. Fedorov, P.N. First, W.A. De Heer, D.H. Lee, et al., Substrate-induced bandgap opening in epitaxial graphene, *Nat. Mater* 6, 770-775 (2007).

[63] S. Kim, J. Ihm, H.J. Choi, Y.-W. Son, Origin of anomalous electronic structures of epitaxial graphene on silicon carbide, *Phys. Rev. Lett.* 100, 176802 (2008).

[64] W.A. De Heer, C. Berger, X. Wu, P.N. First, E.H. Conrad, X. Li, et al., Epitaxial graphene, *Solid State Commun.* 143, 92-100 (2007).

[65] J.B. Oostinga, H.B. Heersche, X. Liu, A.F. Morpurgo, L.M.K. Vandersypen, Gate-induced insulating state in bilayer graphene devices, *Nat. Mater* 7, 151-157 (2008).

[66] J. Hass, R. Feng, T. Li, X. Li, Z. Zong, W.A. De Heer, et al., Highly ordered graphene for two dimensional electronics, *Appl. Phys. Lett.* 89, 143106

(2006).

[67] K.V. Emtsev, A. Bostwick, K. Horn, J. Jobst, G.L. Kellogg, L. Ley, et al., Towards wafer-size graphene layers by atmospheric pressure graphitization of silicon carbide, *Nat. Mater* 8, 203-207 (2009).

[68] K.S. Kim, Y. Zhao, H. Jang, S.Y. Lee, J.M. Kim, K.S. Kim, et al., Large-scale pattern growth of graphene films for stretchable transparent electrodes, *Nature* 457, 706-710 (2009).

[69] A. Reina, X. Jia, J. Ho, D. Nezich, H. Son, V. Bulovic, et al., Large area, few-layer graphene films on arbitrary substrates by chemical vapor deposition, *Nano Lett.* 9, 30-35 (2008).

[70] H. Cao, Q. Yu, R. Colby, D. Pandey, C.S. Park, J. Lian, et al., Large-scale graphitic thin films synthesized on Ni and transferred to insulators: Structural and electronic properties, *J. Appl. Phys.* 107, 044310 (2010).

[71] L.G. Arco, Y. Zhang, A. Kumar, C. Zhou, Synthesis, transfer, and devices of single- and few-layer graphene by chemical vapor deposition, *IEEE Trans. Nanotechnol.* 8, 135-138 (2009).

[72] Q. Yu, J. Lian, S. Siriponglert, H. Li, Y.P. Chen, S.-S. Pei, Graphene segregated on Ni surfaces and transferred to insulators, *Appl. Phys. Lett.* 93, 113103 (2008).

[73] X. Li, W. Cai, J. An, S. Kim, J. Nah, D. Yang, et al., Large-area synthesis of high-quality and uniform graphene films on copper foils, *Science* 324, 1312-1314 (2009).

[74] K.S. Novoselov, E. McCann, S.V. Morozov, V.I. Fal'ko, M.I. Katsnelson, U. Zeitler, et al., Unconventional quantum Hall effect and Berry's phase of 2 pi in bilayer graphene, *Nat. Phys.* 2, 177-180 (2006).

[75] F. Xia, D.B. Farmer, Y.-M.Lin, P. Avouris, Graphene fieldeffect transistors with high on/off current ratio and large transport band gap at room temperature, *Nano Lett.* 10, 715-718 (2010).

[76] M. Tonouchi, Cutting-edge terahertz technology, *Nat. Photon.* 1, 97 (2007).

[77] F. Wang, Y. Zhang, C. Tian, C. Girit, A. Zettl, M. Crommie, et al., Gate-variable optical transitions in graphene, *Science* 320, 206-209 (2008).

[78] P. San-Jose, E. Prada, E. McCann, H. Schomerus, Pseudospin valve in bilayer graphene: Towards graphene-based pseudospintronics, *Phys. Rev. Lett.* 102, 247204 (2009).

[79] D. Li, M.B. Muller, S. Gilje, R.B. Kaner, G.G. Wallace, Processable aqueous

dispersions of graphene nanosheets, *Nat. Nanotechnol.* 3, 101-105 (2008).

[80] S. Stankovich, D.A. Dikin, R.D. Piner, K.A. Kohlhaas, A. Kleinhammes, Y. Jia, et al., Synthesis of graphene-based nanosheets via chemical reduction of exfoliated graphite oxide, *Carbon* 45, 1558-1565 (2007).

[81] C. Gomez-Navarro, R.T. Weitz, A.M. Bittner, M. Scolari, A. Mews, M. Burghard, et al., Electronic transport proper ties of individual chemically reduced graphene oxide sheets, *Nano Lett.* 7, 3499-3503 (2007).

[82] S. Gilje, S. Han, M. Wang, K.L. Wang, R.B. Kaner, A chemical route to graphene for device applications, *Nano Lett.* 7, 3394-3398 (2007).

[83] G. Eda, G. Fanchini, M. Chhowalla, Large-area ultrathin films of reduced graphene oxide as a transparent and flexible electronic material, *Nat. Nanotechnol.* 3, 270-274 (2008).

[84] E.V. Castro, K.S. Novoselov, S.V. Morozov, N.M.R. Peres, J.M.B.L. Dos Santos, J. Nilsson, et al., Biased bilayer graphene: semiconductor with a gap tunable by the electric field effect, *Phys. Rev. Lett.* 99, 216802 (2007).

[85] A.H. Castro Nero, F. Guinea, N.M.R. Peres, K.S. Novoselov, A.K. Geim, The electronic properties of graphene, *Rev. Mod. Phys.* 81, 109-162 (2009).

[86] H.A. Becerril, J. Man, Z. Liu, R.M. Stoltenberg, Z. Bao, Y. Chen, Evaluation of solution-processed reduced graphene oxide films as transparent conductors, *ACS Nano* 2,463-470 (2008).

[87] S. Bae, H. Kim, Y. Lee, X. Xu, J.-S. Park, Y. Zheng, et al., Roll-to-roll production of 30-inch graphene films for transparent electrodes, *Nat. Nanotechnol.* 5, 574-578 (2010).

[88] V.G. Kravets, A.N. Grigorenko, R.R. Naif, P. Blake, S. Anissimova, K.S. Novoselov, et al., Spectroscopic ellipsometry of graphene and an exciton-shifted van Hove peak in absorption, *Phys. Rev. B* 81, 155413 (2010).

[89] Z.Q. Li, E.A. Henriksen, Z. Jiang, Z. Hao, M.C. Martin, P. Kim, et al., Dirac charge dynamics in graphene by infrared spectroscopy, *Nat. Phys.* 4, 532-535 (2008).

[90] F. Xia, T. Mueller, R. Golizadeh-Mojarad, M. Freitag, Y.M. Lin, J. Tsang, et al., Photocurrent imaging and efficient photon detection in a graphene transistor, *Nano Lett.* 9, 1039-1044 (2009).

[91] E Rana, P.A. George, J.H. Strait, J. Dawlaty, S. Shivaraman, M. Chandrashekhar, et al. Carrier recombination and generation rates for intravalley and intervalley phonon scattering in graphene, *Phys. Rev. B* 79, 115447

(2009).

[92] T. Mueller, F. Xia, M. Freitag, J. Tsang, P. Avouris, Role of contacts in graphene transistors: A scanning photocurrent study, *Phys. Rev. B* 79, 245430 (2009).

[93] J.H. Lee Edumd , K. Balasubramanian, R.T. Weitz, M. Burghard, K. Kern, Contact and edge effects in graphene devices, *Nat. Nanotechnol.* 3, 486-490 (2008).

[94] S. Park, R.S. Ruoff, Chemical methods for the production of graphenes, *Nat. Nanotechnol.* 4, 217-224 (2009).

[95] D.C. Elias, R.R. Nair, T.M.G. Mohiuddin, S.V. Morozov, P. Blake, M.P. Halsall, et al., Control of graphene's properties by reversible hydrogenation: evidence for graphane, *Science* 323, 610-613 (2009).

[96] F. Bonaccorso, Z. Sun, T. Hasan, A.C. Ferrari, Graphene photonics and optoelectronics, *Nat. Photon.* 4, 611-622 (2010).

[97] T. Gokus, R.R. Nair, A. Bonetti, M. Bohmler, A. Lombardo, K.S. Novoselov, et al., Making graphene luminescent by oxygen plasma treatment, *ACS Nano* 3, 3963-3968 (2009).

[98] Z. Luo, P.M. Vora, E.J. Mele, A.T.C. Johnson, J.M. Kikkawa, Photoluminescence and band gap modulation in graphene oxide, *Appl. Phys. Lett.* 94, 111909 (2009).

[99] J.R. Sheats, H. Antoniadis, M. Hueschen, W. Leonard, J. Miller, R. Moon, et al., Organic electroluminescent devices, *Science* 273, 884-888 (1996).

[100] L.J. Rothberg, A.J. Lovinger, Status of and prospects for organic electroluminescence, *J. Mater Res.* 11, 3174-3187 (1996).

[101] G. Eda, Y.-Y. Lin, C. Mattevi, H. Yamaguchi, H.A. Chen, I.S. Chen, et al., Blue photoluminescence from chemically derived graphene oxide, *Adv. Mater* 22, 505-509 (2010).

[102] T. Yu, Z. Ni, C. Du, Y. You, Y. Wang, Z. Shen, Raman mapping investigation of graphene on transparent flexible substrate: The strain effect, *J. Phys. Chem. C* 112, 12602-12605 (2008).

[103] Z.H. Ni, W. Chen, X.F. Fan, J.L. Kuo, T. Yu, A.T.S. Wee, et al., Raman spectroscopy of epitaxial graphene on a SiC substrate, *Phys. Rev. B* 77, 6 (2008).

[104] Z.H. Ni, H.M. Wang, Y. Ma, J. Kasim, Y.H. Wu, Z.X. Shen, Tunable stress and controlled thickness modification in graphene by annealing, *ACS Nano*

2, 1033-1039 (2008).

[105] Z.H. Ni, T. Yu, Y.H. Lu, Y.Y. Wang, Y.P. Feng, Z.X. Shen, Uniaxial strain on graphene: Raman spectroscopy study and band-gap opening, *ACS Nano* 2, 2301-2305 (2008).

[106] T.M.G. Mohiuddin, A. Lombardo, R.R. Nair, A. Bonetti, G. Savini, R. Jalil, et al., Uniaxial strain in graphene by Raman spectroscopy: G peak splitting, Gruneisen parameters, and sample orientation, *Phys. Rev. B* 79, 205433 (2009).

[107] p. Kim, L. Shi, A. Majumdar, P.L. McEuen, Thermal transport measurements of individual multiwalled nanotubes, *Phys. Rev. Lett.* 87, 215502 (2001).

[108] E. Pop, D. Mann, Q. Wang, K. Goodson, H. Dai, Thermal conductance of an individual single-wall carbon nanotube above room temperature, *Nano Lett.* 6, 96-100 (2005).

[109] P.G. Klemens, Theory of thermal conduction in thin ceramic films, *Int. J. Thermopbys.* 22, 265-275 (2001).

[110] S. Ghosh, I. Calizo, D. Teweldebrhan, E.P. Pokatilov, D.L. Nika, A.A. Balandin, et al., Extremely high thermal conductivity of graphene: prospects for thermal management applications in nanoelectronic circuits, *Appl. Phys. Lett.* 92, 151911 (2008).

[111] D.L. Nika, E.P. Pokatilov, A.S. Askerov, A.A. Balandin, Phonon thermal conduction in graphene: Role of Umklapp and edge roughness scattering, *Phys. Rev. B* 79, 155413 (2009).

[112] J.-W. Jiang, J. Lan, J.-S. Wang, B. Li, Isotopic effects on the thermal conductivity of graphene nanoribbons: Localization mechanism, *J. Appl. Phys.* 107, 054314 (2010).

第 2 章

石墨烯的合成

2.1 引言

迄今为止, 人们已为制备均匀的石墨烯薄膜付出了很多努力, 形成了各种各样的制备技术, 包括机械剥离法[1-3]、溶液法[2-5]和外延生长法[2,6,7]。机械剥离法制备出的石墨烯质量最好, 适用于基础研究; 外延生长法制备的石墨烯最易实现电路的构建; 在石墨烯纳米复合材料以及大尺寸薄膜的生产方面, 溶液法相较于其他现有方法而言, 可用较低的成本得到较高的产量[2,8]。本章将对这些方法进行详细阐述。

2.2 机械剥离法

1999 年, Ruoff 的团队首次提出了一种机械剥离的方法, 即利用原子力显微镜 (atomic force microscope, AFM) 探针巧妙地处理经等离子体蚀刻高度定向热解石墨 (highly oriented pyrolytic graphite, HOPG) 形成的小型柱状结构, 从而从石墨中剥离出石墨烯平面, 如图 2.1 所示[9]。当时所观察到的最薄的片状结构的厚度也超过 200 nm 或者相当于 600 层。

之后, Kim 的团队改进了方法, 他们将石墨柱转移到无探针的悬臂, 该悬臂相继将石墨片拓印在 SiO_2 上, 厚度大约为 10 nm (约 30 层)[10]。早期试图从石墨中剥离出石墨烯的其他研究团队还有 Enoki 团队[11], 他们在 1600°C 的温度下将纳米金刚石转化为纳米级的石墨烯。尽管这些方法都能产生少数层石墨烯, 但是 Geim 和 Novoselov[8] 介绍了一个更简单的方法, 并在 2004 年首次分离出了单层石墨烯 (图 2.2)。其最基

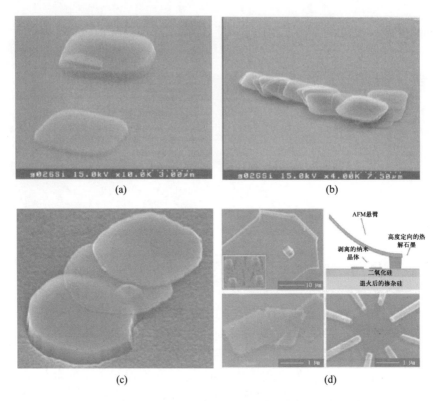

图 2.1　早期采用机械剥离法从柱状石墨制备石墨烯的扫描电子显微镜照片。(a) 和
(b) 是 Ruoff 团队利用 AFM 探针将石墨剥层。(经授权引自 X.K. Lu, M.F. Yu, H.
Huang, R.S. Ruoff. Tailoring graphite with the goal of achieving single sheets,
Nanotechnology 10, 269, 1999. Copyright 1999 Institute of Physics)。(c) 和 (d) 是 Kim
团队将柱状石墨转移到无探针悬臂上,并且通过轻敲方式将石墨晶片安置于其他基底
上。一系列的扫描电镜照片为粘附于 Si/SiO₂ 基底上的薄样品以及某个典型的介观器
件。(经授权引自 Y.B. Zhang, J.P. Small, W.V. Pontius, P. Kim, *Appl. Phys. Lett.* 86,
073104, 2005. Copyright 2005 Institute of Physics)

本的形式是剥离法,利用常见的透明胶带从石墨片上相继移除石墨层,
最后将胶带压制到一个基底上,从而让石墨烯沉积在这个基底上 (图
2.3)。虽然胶带上的薄片比单层要厚,但是当移除胶带时,石墨烯与基底
之间的范德华引力可以将单片层分离出来。这个方法需要极强的耐心,
缺乏经验的人在处理沉积物时往往会得到较厚的片层,在这个过程中
要得到单片层是非常困难的。但是,经过多次练习之后,通过这个技术
就可得到高质量的微晶,其大小可达 100 μm²。或许,首次分离出单层石

墨烯最重要的一点就是, 人们已具备采用简单可行方法来分离原子厚度薄样品的能力。

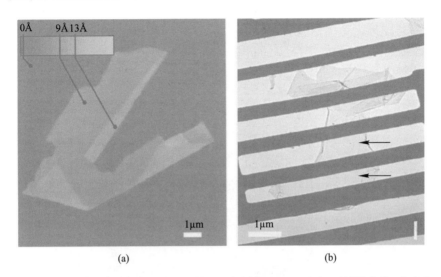

(a)   (b)

图 2.2　通过机械剥离法首次得到的单层石墨烯薄片。(a) 基底–石墨烯台阶 (高度小于 1 nm) 和折叠台阶 (其高度为 0.4 nm) 的原子力显微镜照片。(经授权引自 K.S. Novoselov, D. Jiang, F. Schedin, T.J. Booth, V.V. Khotkevich, S.V. Morozov, A.K. Geim, *Proc. Natl. Acad. Sci. USA* 102, 10451–10453, 2005. Copyright 2005 PNAS)。(b) 将下部基底蚀刻后形成的独立石墨烯薄膜的透射电子显微镜照片。(经授权引自 J.C. Meyer, A.K. Geim, M.I. Katsnelson, K.S. Novoselov, T.J. Booth, S.Roth, *Nature* 446, 60—63, 2007. Copyright 2007 Nature Publishing Group)

图 2.3　Geim 等人在曼彻斯特大学首次观察到的单层石墨烯。此处仅展示了少数层的石墨烯薄片, 利用精心选择厚度的氧化物的干涉作用来增强光学对比度。(经授权引自 G. Eda, G. Fanchini, M. Chhowalla, *Nat. Nanotechol.* 3, 270–274, 2008. Copyright 2006 American Association for the Advancement of Science)

石墨烯的光学吸光率测量值为 2.3%, 不能直接用肉眼观察, 如图 2.4 所示[13,14]。为了能够观察单层石墨烯, Geim 及其同事利用硅基底上具有指定厚度 (300 nm) 的 SiO_2 的干涉效应来提高白光照射下的光学对比度[15]。虽然这看起来是个简单方法, 但却是个重大进步, 对这一领域的进展做出了巨大的贡献。

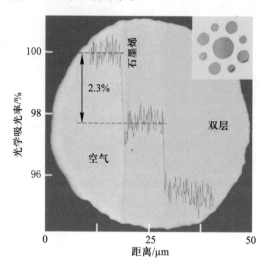

图 2.4 悬浮在多孔薄膜上的单层和双层石墨烯样品。经测量, 每层石墨烯的光学吸光率为 2.3%。内插图展示的是带有多个孔的样品。(经授权引自 R.R. Nair, P. Blake, A.N. Grigorenko, K.S. Novoselov, T.J. Booth, T. Stauber, N.M.R. Peres, A.K. Geim, *Science*, 320, 1308, 2008. Copyright 2008 American Association for the Advancement of Science)

2.3 机械剥离法的替代方法

对于大多数采用石墨烯的实验来说, 控制步骤是需要通过机械剥离法获得质量较好的单层石墨烯。这会对石墨烯器件的实际应用产生很大影响, 因为这个制备过程的产出量低, 不可能达到工业化规模。因此, 探索单层石墨烯的其他合成方法成为大量研究的焦点。当权衡石墨烯合成方法的成熟度时, 除了考虑能实现规模化生产外, 还有一些其他重要因素需要考虑:

(1) 该方法必须能生产出高质量的二维透明晶格, 以保证较高的电子迁移率;

(2) 该方法必须能够精密控制微晶厚度, 以实现器件性能的一致性;

(3) 为便于集成, 任何方法都应该与现有的互补金属氧化物半导体生产过程相兼容。

2.3.1 化学方法

Ruoff 及其同事描述了一种用于生产单层石墨烯的溶液辅助方法, 如图 2.5 所示[16−18]。在该方法中, 首先将石墨化学改性以形成一种水分散性的氧化石墨 (graphitic oxide, GO) 中间体。之后, 再得到由折叠薄片一层层堆叠而成的氧化石墨, 这些薄片在施加机械能后可被完全片状剥离[19,20]。这是由于在氧化过程中, 基面孔隙内引入了水与含氧 (环氧化物和羟基) 功能团之间的相互作用力, 亲水作用使得水分子能够轻易地插入层与层之间并将其分离成独立个体。虽然氧化石墨本身不导电, 但是通过热退火或经化学还原剂处理后, 石墨网可充分地恢复其导电性, 关于该方面的研究已经开展了大量的探索工作。

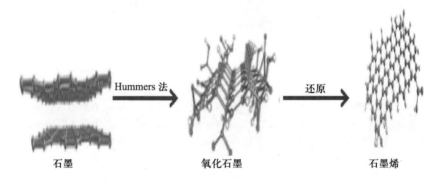

图 2.5 由石墨转变为化学衍生石墨烯的反应过程的分子模型。(经授权引自 V.C. Tung, M.J. Allen, Y. Yang, R. B. Kaner, *Nat. Nanotechnol.* 4, 25–29, 2009. Copyright 2009 Nature Publishing Group)

根据 Ruoff 等人的研究, 水合肼是实现去氧化作用的最佳试剂, 其原理是通过环氧复合物的形成与移除[16], 该过程只需单纯地将肼添加到氧化石墨的水分散体系即可。但是, 早期采用的水相还原氧化石墨的方法会去除氧基团, 因此, 经还原后的石墨烯片变得不那么亲水, 并迅速在溶液中聚合。在还原过程中, 提高溶液的 pH 可以促进胶体 (电荷稳定) 分散效应, 即使是经脱氧处理后的石墨烯片也是如此。Tuang 等人采用直接在无水肼中分散氧化石墨的方法改进了还原过程[21−23] (注:

使用肼时需要非常小心, 因为它的毒性较高, 且具有爆炸性[24])。

氧化石墨法最吸引人的优点是其成本较低、产量较高。起始物料是简单的石墨, 并且这项技术可以很容易地扩大规模, 便于生产大量分散在液体中的化学衍生石墨烯[25,26]。此外, 值得注意的是, 氧化石墨也是一种引人关注的合成应用材料, 而且无支撑的氧化石墨薄膜的抗拉强度可以高达 42 GPa(图 2.6)[27]。

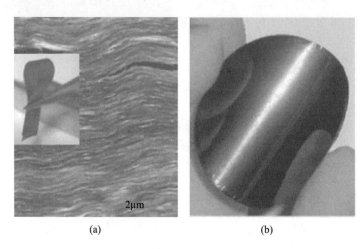

(a)   (b)

图 2.6   具有极高抗拉强度的无支撑层 (独立) 石墨烯薄膜。(a) 通过过滤作用在膜面堆积的氧化石墨的横切面 SEM 照片。(经授权引自 D.A. Dikin, S. Stankovich, E.J. Zimney, R.D. Piner, G.H.B. Dommett, G. Evmenenko, S.T. Nguyen, R.S. Ruoff, *Nature* 448, 457–460, 2007. Copyright 2007 Nature Publishing Group)。(b) 化学还原法生成的具有闪亮光泽的石墨烯薄膜。(经授权引自 D.Li, R.B. Kaner, *Science* 320, 1170–1171, 2008. Copyright 2008 American Association for the Advancement of Science)

2.3.2   全有机合成法

虽然化学衍生的微米级石墨烯是由氧化石墨形成的, 但在很久以前人们就掌握了小型平面类苯高分子的合成技术[28−33]。这些类石墨烯的多环芳香烃 (polycyclic aromatic hydrocarbons, PAH) 的结构介于 "分子" 与 "大分子" 之间, 可作为合成石墨烯的可行替代方法之一。多环芳香烃的优势在于它们高度灵活多样, 并可通过各种脂肪链的取代来改变其溶解度[34]。但多环芳香烃的主要缺点是尺寸大小有限。

多环芳香烃的大小之所以有限, 是因为随分子量的增加, 溶解度通常会降低, 且发生副反应的概率会增加。在这种情况下, 保持多环芳香烃大分子的可分散性和平面形态至关重要。然而，当时出现了一个重大突破，据 Mullen 及其同事报道，他们合成了长度超过 12 nm 的类纳米带多环芳香烃 (图 2.7)[29]。尽管这些纳米带的电学性能尚未表征，但是它们确实表现出了类石墨烯的行为。未来，如果这个领域的研究人员可以拓展多环芳香烃的尺寸范围，对某些应用领域而言，这可能会提供一条清晰的石墨烯合成路线。不管怎样，有机技术的发展对共轭碳大分子的改性或加成反应有重要意义。

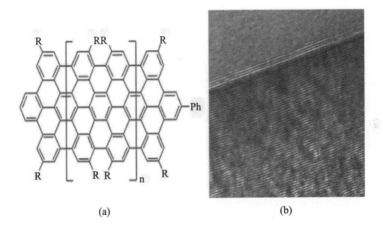

(a)   (b)

图 2.7   多环芳香烃 (PAH) 可为石墨烯提供一种可行的合成方法。(a) 多环芳香烃的化学结构。(b) Mullen 合成的纳米带的 TEM 图像。(经授权引自 X.Y. Yang, X. Dou, A. Rouhanipour, L.J. Zhi, H.J. Rader, K.J. Mullen, *J. Am Chem. Soc.* 130, 4216, 2008. Copyright 2008 American Chemical Society)

2.3.3   沉积法

2.3.3.1   概述

为了将溶液合成技术制备的石墨烯应用于器件制造领域，最重要的要求是制备出均匀的、可重复生产的沉积物，此外，沉积物的种类应能够根据指定器件的设计特性而在大范围内更改。对于这种情况，化学转化后的石墨烯悬浊液是最合适的，因为它们灵活多样，而且可采用多种沉积技术来获得石墨烯 (图 2.8)[21,35-37]。这些技术已经用于生产各种薄膜，包括相互分隔的单层薄片以及紧密堆叠的薄膜。

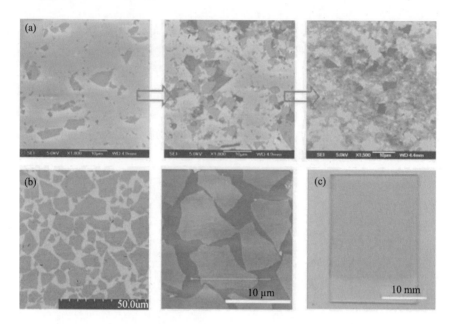

图 2.8 溶液法能够使合成/改性石墨烯形成不同密度的沉积物。(a) 不同薄膜的 SEM 照片,这些薄膜是在肼溶液中旋涂而成。(b) 采用 Langmuir-Blodgett 组装技术沉积而成的氧化石墨烯膜的 SEM 和 AFM 照片。(经授权引自 L.J. Cote, F. Kim, J. Huang, *J. Am. Chem. Soc.* 131, 1043–1049, 2009. Copyright 2008 American Chemical Society)。(c) 依然非常透明的多层涂层。(经授权引自 X. Li, G. Zhang, X. Bai, X. Sun, X. Wang, E. Wang, H. Dai, *Nat. Nanotechnol.* 3, 538–542, 2008. Copyright 2009 Nature Publishing Group)

最早的沉积成膜技术是采用向加热基底喷涂含石墨烯片的水溶液的方法。虽然这种技术可以分离和表征一些单层石墨烯片, 但即使将基底加热到能够迅速干燥接触到的悬浊液, 较高的表面张力仍会引起严重的聚合作用。Huang 及其同事采用 Langmuir-Blodgett 组装技术, 极好地实现了氧化石墨烯的沉积[35]。他们指出, 当将石墨烯压布到一个气–固界面上时, 静电斥力会阻止单层石墨烯重叠。采用该法可以在 SiO_2 表面形成各种沉积物, 包括稀薄的、疏松堆积的和紧密堆积的薄膜。Dai 等人采用 Langmuir-Blodgett 技术也完成了类似的工作, 同时利用石墨烯与偏置基底之间的静电引力实现了石墨烯的层层组装[37]。

2.3.3.2 化学气相沉积法

通常, 采用溶液合成法是为了避免使用支撑基底。其中, 有两种技术是利用专门选择的平台来促使高质量石墨烯的生长。一些研究小组报道了一种通过高温还原碳化硅得到石墨烯的外延法 (图 2.9)[6,38−42]。
这个过程相对简单, 因为硅在 1000°C 的超高真空中可以解吸附, 之后
形成痕量的岛屿状石墨化碳, 采用扫描隧道显微镜 (scanning tunneling
microscopy, STM) 和电子衍射实验首次证实了这点。最近有报道称, 研
究人员采用光刻法在预先指定的位置按一定图案来外延生长石墨烯,
从而使其可以制作器件[41]。

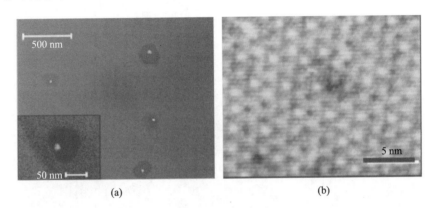

图 2.9　当硅在高温下升华后, 碳化硅可还原成石墨烯。(a) 六角形微晶的 SEM 照
片。(经授权引自 M.L.E.A. Sadowski, *J. Phys. Chem. Solids* 67, 2172–2177, 2006)。(b)
石墨烯的 STM 照片, 从中可以看出该石墨烯为长程有序且有少量缺陷的。(经授权引
自 C. Berger, Z.M. Song, X.B. Li, X.S. Wu, N. Brown, C. Naud, D. Mayou, T.B. Li, J.
Hass, A.N. Marchenkov, E.H. Conrad, P.N. First, W.A. De Heer, *Science* 312, 1191,
2006. Copyright 2006 American Association for the Advancement of Science)

　　不过, 外延生长法与机械剥离法所得到的石墨烯的物理性质会有所
不同[38,42]。产生这些差异的原因可认为是外延石墨烯界面效应的影响,
这些影响主要取决于碳化硅基底和一些生长参数。对于外延法石墨烯,
STM 和低能电子衍射 (low-energy electron diffraction, LEED) 观测到的
周期性差异尚不能得到明确定义或解释[43]。而角分辨光电子能谱
(angle-resolved photoemission spectroscopy, ARPES) 观察到的能隙也存
在这种情况[44]。第二种基于基底的方法是在过渡金属薄膜上通过化学
气相沉积 (chemical vapor deposition, CVD) 法生成石墨烯 (图 2.10)。这
种方法是由麻省理工学院 (massachusetts institute of technology, MIT)
和韩国的研究人员率先提出, 该方法要求将过渡金属置于极高温度的
烃类气体中, 从而使其表面的碳达到饱和状态[45−47]。多数情况下, 采用
的是镍膜和甲烷气体。当冷却基底时, 碳在过渡金属中的溶解度会降

低, 因此预计会有一层碳薄膜沉淀在金属表面。

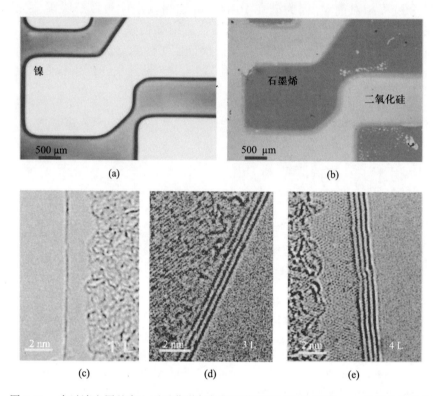

图 2.10　在过渡金属基底上通过化学气相沉积作用形成的石墨烯。(a) 镍催化剂的光学显微镜图像。(b) 生成的石墨烯薄膜的光学显微镜图像。(c)、(d)、(e) 分别表示石墨烯生长过程中一层、三层或四层成核过程的 TEM 图像。(经授权引自 A. Reina, X.T. Jia, J. Ho, D. Nezich, H.B. Son, V. Bulovic, M.S. Dresselhaus, J. Kong, *Nano Lett.* 9, 30–35, 2009. Copyright 2008 American Chemical Society)

　　采用基底的石墨烯合成法的主要优势之一在于, 它与最新的转基因生物技术具有很高的兼容性。理论上讲, 外延技术和 CVD 技术有望在整个晶片上生成单层石墨烯, 这可能是将新材料集成于当前半导体工艺和器件的最简单方法。精密控制膜的厚度以及防止形成二次结晶是外延技术和 CVD 技术的另一个挑战。在理想情况下, 这两种方法都要求仅发生单层晶体的成核及生长, 而不会生成边界层或出现第二层结晶的现象。到目前为止, 生成的最好样本为多晶结构石墨烯, 并且任何一处的厚度均在 1~3 层之间变化。外延石墨烯和 CVD 石墨烯制造的场效应器件的载流子迁移率超过 1000 $cm^2 \cdot V^{-1} \cdot s^{-1}$[40,46]。就 CVD 石墨烯而言, 蚀刻底层金属后可以将碳膜转移到其他基底上。CVD 技术除了能够大面积沉积形成石墨烯外, 此法生成的石墨烯在透明导电应用方面也具有良好前景。CVD 生成的石墨烯薄膜通过聚二甲基硅氧烷 (Polydimethylsiloxane, PDMS) 拓印法转移到玻璃上, 在透光率为 80% 时的电阻只有 280 Ω[46,47]。

2.3.3.3　微波等离子增强化学气相沉积

Obraztsov 及其同事发现了一种产生纳米结构类石墨碳 (nanostructured graphite-like carbon, NG) 的直流 (direct current, DC) 放电等离子增强 CVD (plasma-enhanced CVD, PECVD) 方法[48]。在这个过程中, 他们采用硅片以及镍、钨、钼作为基底, 用甲烷和氢气的混合气体作为反应气氛 (甲烷含量 0~25%), 保持总气压在 1.3~20 kPa。利用这个工艺得到的类石墨碳薄膜除了发生了几处扭曲外, 有几个地方看起来比较厚。然而, 首次提出利用 PECVD 方法得到单层和少数层石墨烯是在 2004 年[49-50]。可以采用射频 PECVD 系统在不同材质的基底 (如硅、钨、钼、锆、钛、铪、铌、钽、铬、二氧化硅和三氧化二铝) 上合成石墨烯, 此时无任何特殊表面要求, 也不需要其他催化剂。此外, 利用氢气与 5%~100% 甲烷的混合气体 (总压强为 12 Pa) 在功率为 900 W 和基底温度为 680°C 的条件下获得的石墨烯晶片, 具有亚纳米厚度并且是从基底表面直立生长起来的。这种技术简单易行, 引起了科研人员的极大兴趣[49-53]。

Zhu 等人提出了一个石墨烯在 PECVD 空间内生长的机理[52]。根据他们的原理图, 可通过含碳物 (由前驱气体产生) 表面扩散沉积作用与原子氢蚀刻作用之间的平衡来合成石墨烯。这种方法获得的石墨烯薄片由于等离子体电场方向的影响而呈垂直状态。但是, 在另一种方法中, Zhang 及其同事展示了在硅基底上通过微波 PECVD 方法 (microwave PECVD, MW-PECVD) 合成多层石墨烯纳米薄膜 (multilayer graphene nanoflake films, MGNFs) 的过程[54]。这种方法生成石墨烯的速率达到 1.6 μm·min^{-1} (比其他已知的方法快 10 倍)。此外, 该方法获得的石墨烯具有高度石墨化的刃型结构 (其锋利边缘厚度为 2~3 nm), 且大体上垂直于基底 (Si) 并在多巴胺检测中展现出优异的生物传感性能。

同样地, Yuan 等人利用 MW-PECVD 在 500°C 不锈钢基底上合成了 1~3 层的高质量石墨烯晶片[55]。该法采用的是甲烷和氢气的混合气体 (比例为 1:9, 总压强为 4 kPa, 流量为 200 mL·min^{-1}) 和 1200 W 微波功率。与其他方法相比, 该法获得的石墨烯具有更好的晶化度。PECVD

法可在任何基底上合成石墨烯, 具有灵活多样的优点, 从而扩大了它的
应用领域。勿庸置疑, 未来该方法的进一步发展将能更好地控制石墨烯
的层厚并实现规模化生产。

2.3.4　热分解法

硅在 6H–SiC 单晶 (0001) 平面上的热分解也是一种广泛用于外延
生长石墨烯的技术[56]。当氢气蚀刻的 6H–SiC 表面被加热到 1450°C 保
持 20 min 后, 能够形成石墨烯晶片。通常, 在这种表面上生成的石墨烯
包含 1~3 层石墨烯层, 具体层数则取决于分解温度。采用类似方法,
Rollings 及其同事合成得到了仅有一个原子厚度的石墨烯薄膜[42]。用
该方法合成石墨烯取得了持续成功, 这引起了一些半导体工厂的关注
(这个方法在后互补金属氧化物半导体 (post-CMOS) 时代可能是一个可
行的技术)[7,39,42,57,58]。

Hass 及其同事研究了如何解决石墨烯在不同 SiC 表面的生长问题
以及它们的电子学特性[39]。随着这种技术的快速发展, 即使在 750°C 左
右的温度下, 在镍膜包覆的 SiC 基底上也能合成连续的石墨烯薄膜 (毫
米尺度)[57,60]。这种方法的优点是: 在整个镍包覆表面上, 石墨烯薄膜均
可以连续生长。这种方法可以大面积生产石墨烯, 因此适合于工业应
用。采用类似的方法, Emtsev 等人甚至在常压下也合成了大尺寸单层
石墨烯薄膜[67]。此外, 有人预测该方法可制备出晶元级的石墨烯薄膜。

在 SiC 上生长石墨烯的过程看起来很诱人, 尤其是对半导体行业。
但这个方法也有一些缺点: ① 石墨烯层厚度的控制问题; ② 在采取工
业规模化生产之前需要考虑大面积石墨烯重复生产的可行性。在分析
SiC 表面外延生长石墨烯薄膜的现有研究工作时, 发现了几个重要的问
题。例如, 生长在 SiC(0001) 上的石墨烯和生长在 SiC(000-1) 上的石墨
烯具有不同的结构。生长在 SiC(0001) 上的多层石墨烯 (可达 60 层) 存
在着不寻常的旋转叠加情况。而生长在 SiC(000-1) 上的石墨烯却没有
观察到前面所述的不寻常行为。未来针对该问题的研究应当着重于阐
明这两种生长机制, 并且应用这些知识来发展新颖实用的传感器。

另一个重要的研究点是石墨烯与基底之间界面层 (因为已知这一
层会影响石墨烯的性质) 的结构和电子性质。到目前为止, 人们还没有
深入了解界面的影响, 因此未来的研究方向应当针对这个问题。全面理
解生长机理和界面效应, 以及能够有效控制石墨烯的层数, 无疑将有助

于工业大批量生产晶元级的石墨烯。

2.3.5　其他基底上的热分解法

除了硅, 在其他材料上也可以发生热分解作用。例如, 在超高真空条件下 (5.2×10^{-9} Torr, 约 6.9×10^{-7} Pa) 可在单晶钌 (0001) 表面生长单层石墨烯[61]。在开始生长石墨烯之前, 钌水晶先经 Ar^+ 溅射/退火反复循环清洗之后再置于氧气中并加热至高温。经过这种方法处理后, 很快就会在晶体表面形成石墨烯, 这既可能是乙烯 (在室温下预吸附到晶体表面) 在 1000 K 下发生了热分解反应形成的, 也可能是基底上碳原子的受控偏析形成的。生成的单层石墨烯具有很高的纯度, 能覆盖较大的面积 (超过几微米), 并出现周期性的褶皱。在另一项研究中, Sutter 等人[47] 报道了单层及少数层石墨烯 (超过 200 μm) 的宏观单晶域的形成过程。此外, 该法是在镍、铂、钴等其他过渡金属表面合成石墨烯的广泛首选方法[62]。

2.3.6　多壁碳纳米管展开法

多壁碳纳米管的展开可以通过嵌入锂和氨之后在酸溶液及瞬时加热条件下进行剥离来完成[63] (图 2.11)。得到的产品是一些部分开口的

10 nm

图 2.11　部分展开的多壁碳纳米管结构的 TEM 照片。(经授权引自 A.G. Cano-Marquez, F.J. Rodriguez-Macias, J. Campos-Delgado, C.G. Espinosa-Gonzalez, F. Tristan-Lopez, D. Ramire-Gonzalez, D.A. Cullen, D.J. Smith, M. Terrones, Y.I. Vega-Cantu, *Nano lett.* 9, 1527–1533, 2009. Copyright 2009 American Chemical Society)

多壁碳纳米管和石墨烯片的混合物。多壁碳纳米管展开法也可以利用等离子蚀刻多壁碳纳米管 (事先将其部分嵌入聚合物薄膜中) 来实现[64]。蚀刻过程可将大部分多壁碳纳米管打开形成石墨烯。在其他方法中, 多壁碳纳米管可经过多步化学法处理后展开, 其步骤包括: 首先在浓 H_2SO_4、$KMnO_4$、H_2O_2 中剥离, 再使用 $KMnO_4$ 逐步氧化, 最后在氨水和水合肼 ($N_2H_4·H_2O$) 溶液中进行还原[65]。这种展开多壁碳纳米管生产石墨烯的新方法, 使得无基底合成石墨烯成为可能。

2.3.7 电化学合成法

电化学方法通过调整外部能量源来改变电子状态, 从而改变电极材料表面的费米能级。Guo 等人[66] 首次报道了一种在石墨电极上通过电化学还原机械剥离氧化石墨烯, 从而成批量地合成高质量石墨烯纳米片的灵活快速方法。其中, 可以通过提高还原温度来加快反应速率, 这同时也可以减少缺陷。这种电化学方法有 3 个重要的优点: 快速, 绿色, 不使用有毒溶剂。所以, 这种产品无污染。此外, 较高的负电位可以克服含氧功能团 (–OH、在石墨烯平面上的 C–O–C 以及边缘上的–COOH) 还原过程中的能量势垒, 从而有效地还原机械剥离氧化石墨烯。经电化学法修饰的电极可以应用于生物传感器、燃料电池和电催化过程。

Guo 等人[66] 在研究中采用了以 Hummers 方法[20] 获得的氧化石墨作为起始物料, 其中含有众多键合在氧化石墨表面的含氧基团。这些含氧基团提高了其带电能力, 从而增加了氧化石墨烯在水中的分散性。之后, 在恒磁力搅拌的氧化石墨烯分散体系中, 在具有不同阴极电位的石墨工作电极上, 对机械剥离氧化石墨烯进行电化学还原处理。此处磁力搅拌的作用是驱使氧化石墨烯迁移到电极表面, 并且避免发生电解生成气泡。图 2.12 为电化学反应装置、电化学还原处理前后的石墨电极及氧化石墨烯悬浊液的光学照片。氧化石墨烯改性玻碳电极 (glassy carbon electrode, GCE) 在 0.0~1.5 V 电位窗内的循环伏安图 (图 2.13) 显示, 在 –1.2 V 处存在一个较高的阴极电流峰值, 起始电位为 –0.75 V。Guo 等人[66] 认为这个较高的还原电流是表面氧基团的还原过程引起的 (而不是水电解引起的), 因为将水还原成氢的过程需要更高的负电位 (约 –1.5 V)。此外, 在第二次循环过程中, 负电位条件下的还原电流明显下降, 并且在经过几次电位扫描后消失。这种现象表明, 氧化石墨烯表面氧化物的还原过程以一种不可逆的方式快速发生。进

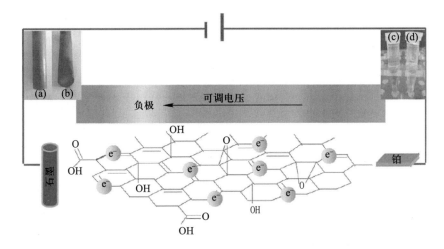

图 2.12 实验装置以及电化学还原之前 (a), (c) 和之后 (b), (d) 的石墨电极及氧化石墨烯悬浊液的光学照片。机械剥离氧化石墨烯分散体系中石墨电极的电化学还原电位为 −1.5 V (参比饱和甘汞电极)。(经授权引自 H.-L. Guo, X.-F. Wang, Q.-Y. Qian, F.-B. Wang, X.-H. Xia, *ACS Nano* 3, 2653–2659, 2009. Copyright 2009 American Chemical Society)

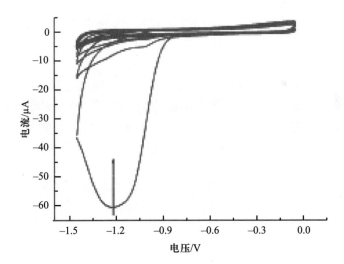

图 2.13 氮气饱和的磷酸盐缓冲液 (pH5.0) 中, 氧化石墨烯改性玻碳电极在扫描速率为 50 mV·s^{-1} 下的循环伏安图。(经授权引自 H.-L. Guo, X.-F. Wang, Q.-Y. Qian, F.-B. Wang, X.-H. Xia, *ACS Nano* 3, 2653–2659, 2009. Copyright 2009 American Chemical Society)

一步讲, 机械剥离氧化石墨烯可在负电位下被电化学还原。

　　Guo 等人[66] 在 pH 为 5.0 的磷酸缓冲液 (phosphate-buffered saline, PBS) 中, 利用微分脉冲伏安法 (differential pulse voltammetry, DPV) 和循环伏安法 (cyclic voltammetry, CV) 在 −1.3 V (参比饱和甘汞电极) 的条件下确定了时间对电化学还原机械剥离氧化石墨烯的影响。根据这个实验, Guo 的团队[66] 证实, 尽管在 −1.3 V (参比饱和甘汞电极) 时氧化石墨烯可被电化学还原, 但是这个过程非常缓慢。因此, 他们尝试了几组实验装置并最终发现, 当电位设定在 −1.5 V (参比饱和甘汞电极) 时, 由于氧化石墨烯的还原, 导致大量黑色沉淀附着在裸露的石墨电极上, 而且原本为黄色的氧化石墨烯悬浊液变成了无色。

2.3.8　其他可用方法

　　尽管人们通常采用前面所述方法来合成石墨烯, 但是仍有一些实用的其他合成方法。Kim 等人[67] 采用了在 CO+Ar 的气氛中煅烧硫化铝 (Al$_2$S$_3$) 的方法, 在这种情况下, CO 被 Al$_2$S$_3$ 还原形成气态碳和 α-Al, 最后多层石墨烯结晶在铝颗粒上。但是, 这种转化机制尚未得到深入理解或预测, 这个过程因其简单而颇令人关注。将来, 适当调控各种参数可有效减少并控制石墨烯的层数。

　　在另一项研究中, Zhang 等人[10] 证实了使用微悬臂 (如原子力显微镜探针) 劈裂高度定向热解石墨获得石墨晶片的可能性。但是, 这些产品厚度在 10~100 nm 之间, 因此不能称为石墨烯。不过, 此项成果展示了一种生产石墨烯晶片的新途径。在另一项最近开展的研究中, 采用一个基于分子自组装、电子辐照、热解的复杂生产工艺路线生产出了导电纳米碳薄膜 (厚度约 1 nm)[68−69]。

　　现阶段这些方法还很难实现工业化应用, 但是在不久的将来, 随着石墨烯研究的快速发展, 这些技术将变得更易操作, 并且更易批量合成石墨烯。

参考文献

[1] V. Eswaraiah, S. S. J. Aravind, S. Ramaprabhu, Top down method of synthesis of highly conducting graphene by exfoliation of graphite oxide using focused solar radiation, *J. Mater. Chem.* 21, 6800-6803, (2005).

[2] J.H. Lee, D.W. Shin, V.G. Makotchenko, A.S. Nazarov, V.E. Fedorov, Y.H. Kim, J.Y. Choi, J.M. Kim, J.-B. Yoo, Onestep exfoliation synthesis of easily soluble graphite and transparent conducting graphene sheets, *Adv. Mater.* 21, 4383-4387 (2009).

[3] K.S. Novoselov, D. Jiang, F. Schedin, T.J. Booth, V.V. Khotkevich, S.V. Morozov, A.K. Geim, Two dimensional atomic crystals, *Proc. Natl. Acad. Sci. USA* 102, 10451-10453 (2005).

[4] J.C. Meyer, A.K. Geim, M.I. Katsnelson, K.S. Novoselov, T.J. Booth, S. Roth, The structure of suspended graphene sheets, *Nature* 446, 60-63 (2007).

[5] S. Stankovich, R.D. Piner, X.Q. Chen, N.Q. Wu, S.B.T. Nguyen, R.S. Ruoff, Stable aqueous dispersions of graphitic nanoplatelets via the reduction of exfoliated graphite oxide in the presence of poly (sodium 4-styrenesulfonate), *J. Mater. Chem.* 16, 155-158 (2006).

[6] C. Berger, Z.M. Song, X.B. Li, X.S. Wu, N. Brown, C. Naud, D. Mayou, T.B. Li, J. Hass, A.N. Marchenkov, E.H. Conrad, P.N. First, W.A. De Heer, Electronic confinement and coherence in patterned epitaxial graphene, *Science* 312, 1191 (2006).

[7] C. Berger, Z.M. Song, T.B. Li, X.B. Li, A.Y. Ogbazghi, R. Feng, Z.T. Dai, A.N. Marchenkov, E.H. Conrad, P.N. First, W.A. De Heer, Ultrathin epitaxial graphite: 2D electron gas properties and a route toward graphene-based nanoelectronics, *J. Phys. Chem. B* 108, 19912-19916.

[8] G. Eda, G. Fanchini, M. Chhowalla, Large-area ultrathin films of reduced graphene oxide as a transparent and flexible electronic material, *Nat. Nanotechol.* 3, 270-274 (2008).

[9] X.K. Lu, M.E Yu, H. Huang, R.S. Ruoff, Tailoring graphite with the goal of achieving single sheets, *Nanotechnology* 10, 269 (1999).

[10] Y.B. Zhang, J.P. Small, W.V. Pontius, P. Kim, Fabrication and electric-field-dependent transport measurements of mesoscopic graphite devices, *Appl. Phys. Lett.* 86, 073104 (2005).

[11] A.M. Affoune, B.L.V. Prasad, H. Sato, T. Enoki, Y. Kaburagi, Y. Hishiyama, Experimental evidence of a single nanographene, *Chem. Phys. Lett.* 348, 17-20 (2001).

[12] M.J. Allen, V.C. Tung, R.B. Kaner, Honey comb graphene: A review of graphene, *Chem. Rev.* 110, 132 (2010).

[13] R.R. Nair, P. Blake, A.N. Grigorenko, K.S. Novoselov, T.J. Booth, T.

Stauber, N.M.R. Peres, A.K. Geim, Fine structure constant defines visual transparency of graphene, *Science* 320, 1308 (2008).

[14] T. Stauber, N.M.R. Peres, A.K. Geim, Optical conductivi graphene in the visible region of the spectrum, *Phys. Rev. B* 78, 085432 (2008).

[15] P. Blake, E.W. Hill, A.H.C. Neto, K.S. Novoselov, D. Jiang, R. Yang, T.J. Booth, A.K. Geim, Making graphene visible, *Appl. Phys. Lett* 91, 063124 (2007).

[16] S. Stankovich, D.A. Dikin, R.D. Piner, K.A. Kohlhaas, A. Kleinhammes, Y. Jia, Y. Wu, S.T. Nguyen, R.S. Ruoff, Synthesis of graphene-based nanosheets via chemical reduction of exfoliated graphite oxide, *carbon* 45, 1558-1565 (2007).

[17] I. Jung, D.A. Dikin, R.D. Piner, R.S. Ruoff, Tunable electrical conductivity of individual graphene oxide sheets reduced at "low" temperatures, *Nano Lett.* 8, 4283-4287 (2008).

[18] D. Yang, A. Velamakanni, G. Bozoklu, S. Park, M. Stoller, R.D. Piner, S. Stankovich, I. Jung, D.A. Field, C.A. Ventrice, R.S. Ruoff, Chemical analysis of graphene oxide films after heat and chemical treatments by X-ray photoelectron and micro-Raman spectroscopy, *Carbon* 47, 145-152 (2009).

[19] H.-K. Jeong, Y.p. Lee, R.J.W.E. Lahaye, M.-H. Park, K.H. An, IO. Kim, C.-W. Yang, C.Y. Park, R.S. Ruoff, Y.H. Lee, Evidence of graphitic AB stacking order of graphite oxides, *J. Am. Chem Soc.* 130, 1362-1366 (2008).

[20] W.S. Hummers, R.E. Offeman, Preparation of graphitic oxide, *J. Am. Chem. Soc.* 80, 1339 (1958).

[21] V.C. Tung, MO. Allen, Y. Yang, R.B. Kaner, High-throughput solution processing of large-scale graphene, *Nat. Nanotechnol.* 4, 25-29 (2009).

[22] M.J. Allen, J.D. Fowler, V.C. Tung, Y. Yang, B.H. Weiller, R.B. Kaner, Temperature dependent Raman spectroscopy of chemically derived graphene, *Appl. Phys. Lett.* 93, 193119 (2008).

[23] J.D. Fowler, M.J. Allen, V.C. Tung, Y. Yang, R.B. Kaner, B.H. Weiller, Practical chemical censors from chemically derived graphene, *ACS Nano* 3, 301-306 (2009).

[24] E.W. Schmidt, Hydrazine and its derivatives, Wiley-Interscience New York (2001).

[25] D.A. Dikin, S. Stankovich, E.J. Zimney, R.D. Piner, G.H.B. Dolnmett, G. Evmenenko, S.T. Nguyen, R.S. Ruoff, Preparation and characterization of

graphene oxide paper, *Nature* 448, 457-460 (2007).

[26] D. Li, R.B. Kaner, Material science: Graphene based materials, *Science* 320, 1170-1171 (2008).

[27] S. Park, K.S. Lee, G. Bozoklu, W. Cai, S.T. Nguyen, R.S. Ruoff, Graphene oxide papers modified by divalent ions-enhancing mechanical properties via chemical cross-linking, *ACS Nano* 2, 572-578 (2008).

[28] N. Tyutyulkov, G. Madjarova, E Dietz, K. Mullen, Is 2-D graphite an ultimate large hydrocarbon? 1. Energy spectra of giant polycyclic aromatic hydrocarbons, *J. Phys. Chem. B* 102, 10183-10189 (1998).

[29] X.Y. Yang, X. Dou, A. Rouhanipour, L.J. Zhi, H.J. Rader, K.J. Mullen, Two dimensional graphene nanoribbons, *J. Am Chem. Soc.* 130, 4216 (2008).

[30] A.J. Berresheim, M. Muller, K. Mullen, Polyphenylene nanostructures, *Chem. Rev.* 99, 1747-1785 (1999).

[31] F. Dotz, J.D. Brand, S. Ito, L. Gherghel, K. Mullen, Synthesis of large polycyclic aromatic hydrocarbons: Variation of size and periphery, *J. Am. Chem. Soc.* 122, 7707-7717 (2000).

[32] M.D. Watson, A. Fechtenkotter, K. Mullen, Big is beauty Aromaticity revisited from the view point of macromolecular and supramolecular benzene chemistry, *Chem. Rev.* 101, 1267-1300 (2001).

[33] I. Gutman, Z. Tomovic, K. Mullen, E.P. Rabe, On the distribution of π-electrons in large polycyclic aromatic hydrocarbons, *Chem. Phys. Lett.* 397, 412-416 (2004).

[34] J.S. Wu, W. Pisula, K. Mullen, Graphene as a potential material for electronics, *Chem. Rev.* 107, 718-747 (2007).

[35] L.J. Cote, F. Kim, J. Huang, *Langmuir*-Blodgett assembly of graphitic oxide single layers, *J. Am. Chem. Soc.* 131, 1043-1049 (2009).

[36] J.H. Wu, Q.W. Tang, H. Sun, J.M. Lin, H.Y. Ao, M.L. Huang, Y.E Huang, Conducting film from graphite oxide nanoplatelets and poly(acrylic acid) by layer-byqayer self-assembly, *Langmuir* 24, 4800-4805 (2008).

[37] X. Li, G. Zhang, X. Bai, X. Sun, X. Wang, E. Wang, H. Dai, Highly conducting graphene films and *Langmuir*-Blodgett film, *Nat. Nanotechnol.* 3, 538-542 (2008).

[38] W.A. De Heer, C. Berger, X.S. Wu, P.N. First, E.H. Conrad, X.B. Li, T.B. Li, M. Sprinkle, J. Hass, M.L. Sadowski, M. Potemski, G. Martinez, Epitaxial graphene, *Solid State Commun.* 143, 92-100 (2007).

[39] E. Rollings, G.H. Gweon, S.Y. Zhou, B.S. Mun, J.L. McChesney, B.S. Hus-
sain, A.V. Fedorov, P.N. First, W.A. De Heer, A. Lanzara Synthesis and
characterization of atomically thin graphite films on a silicon carbide sub-
strate, *J. Phys. Chem. Solids* 67,2172-2177 (2006).

[40] J. Kedzierski, P.L. Hsu, R Healey, P.W. Wyatt, C.L. Keast, M. Sprinkle,
C. Berger, W.A. De Heer, Epitaxial graphene substrates on SiC substrates,
IEEE Trans. Electron Devices 55, 2078-2085 (2008).

[41] C. Berger, Z.M. Song, X.B. Li, X.S. Wu, N. Brown, D. Maud, C. Naud, W.A.
Heer, Magnetotransport in high mobility epitaxial graphene, *Phys. Status
Solidi A: Appl. Mater. Sci.* 204, 1746-1750 (2007) .

[42] E. Rollings, G.H. Gweon, S.Y. Zhou, B.S. Mun, J.L. McChesney, B.S. Hus-
sain, A.V. Fedorov, RN. First, W.A. De Heer, A. Lanzara, Synthesis and
characterization of atomically thin graphite films on silicon carbide substrate,
J. Phys. Chem. Solids 67, 2172-2177 (2006).

[43] V.W. Brat, Y. Zhang, Y. Yayon, T. Ohta, J.L. McChesney, A. Bostwick, E.
Rotenberg, K. Horn, M.E Crommie, Scanning tunneling spectroscopy of in-
homogenous electronic structure in monolayer and bilayer graphene on SiC,
Appl. Phys. Lett. 91, 122102 (2007).

[44] E. Rotenberg, A. Bostwick, T. Ohta, J.L. McChesney, T. Seyller, K. Horn,
Origin of the energy bandgap in epitaxial graphene, *Nat. Mater.* 7, 258-259
(2008).

[45] A. Reina, X.T. Jia, J. Ho, D. Nezich, H.B. Son, V. Bulovic, M.S. Dressel-
haus, J. Kong, Large area few-layer graphene films on arbitrary substrates
by chemical vapor deposition, *Nano Lett.* 9, 30-35 (2009).

[46] K.S. Kim, Y. Zhao, H. Jang, S.Y. Lee, J.M. Kim, K.S. Kim, J.H. Ahn, P.
Kim, J.Y. Choi, J.B.H. Hong, Large-scale pattern growth of graphene films
for stretchable transparent electrodes, *Nature* 457, 706-710 (2009).

[47] P.W. Sutter, J.I. Flege, E.A. Sutter, Epitaxial graphene on ruthenium, *Nat.
Mater.* 7, 406-411 (2008).

[48] A.N. Obraztsov, A.A. Zolotukhin, A.O. Ustinov, A.P. Volkov, Y. Svirko,
K. Jefimovs, DC discharge plasma studies for nanostructured carbon CVD,
Diamond Related Mater. 12, 917-920 (2003).

[49] J.J. Wang, M.Y. Zhu, R.A. Outlaw, X. Zhao, D.M. Manos, B.C. Holoway,
Free-standing subnanometer graphite sheets, *Appl. Phys. Lett.* 85, 1265
(2004).

[50] J.J. Wang, M.Y. Zhu, R.A. Outlaw, X. Zhao, D.M. Manos, B.C. Holoway, Synthesis of carbon nanosheets by inductively coupled radio-frequency plasma enhanced chemical vapor deposition, *Carbon* 42, 2867-2872 (2004).

[51] M. Hiramatsu, K. Shiji, H. Amano, M. Hori, Fabrication of vertically aligned carbon nanowalls using capacitively coupled plasma-enhanced chemical vapor deposition assisted by hydrogen radical injection, *Appl. Phys. Lett* 84, 4708-4710 (2004).

[52] M Zhu, J.Wang, B.C. Holloway, R.A. Outlaw, X. Zhao, K. Hou, V. Shut-thanandan, D. M. Manos, A mechanism for carbon nanosheet formation, *Carbon* 45, 2229-2234 (2007).

[53] C. Wang, S. Yang, Q. Wang, Z. Wang, J. Zhang, Super-low friction and super-elastic hydrogenated carbon films originated from a unique fullerene-like nanostructure, *Nanotechnolgy* 19, 225709 (2008).

[54] A. Malesevic, R. Kemps, L. Zhang, R. Erni, G. Van Tendeloo, A. Vanhulsel, C. Van Haesendonck, A versatile plasma tool for the synthesis of carbon nanotubes and few-layer graphene sheets, *J. Optoelect. Adv. Mater.* 10, 2052-2055 (2008).

[55] G.D. Yuan, W.J. Zhang, Y. Yang, Y.B. Tang, Y.Q. Li, J.X. Wang, X.M. Meng, Z.B. He, C.M.L. Wu, I. Bello, C.S. Lee, S.T. Lee, Graphene sheets via microwave chemical vapor deposition, *Chem. Phys. Lett.* 467, 361-364 (2009).

[56] Z. Wu, W. Ren, L. Gao, B. Liu, C. Jiang, H. Cheng, Synthesis of high-quality graphene with a pre-determined number of layers, *Carbon* 47, 493-499 (2009).

[57] T. Ohta, F.E. Gabaly, A. Bostwick, J.L. McChesney, K.V. Emtsev, A.K. Schmid, T. Seyller, K. Horn, E. Rotenberg, Morphology of graphene thin film growth on SiC(0001), *New J. Phys.* 10, 023034 (2008).

[58] Z.G. Cambaz, G. Yushin, S. Osswald, V. Mochalin, Y. Gogotsi Noncatalytic synthesis of carbon nanotubes graphene and graphite on SiC, *Carbon* 46, 841-849 (2008).

[59] Z.-Y. Juang, C.-Y. Wu, C.-W. Lo, W.-Y. Chen, C.-E Huang, J.-C. Hwang, E-R. Chen, K.C. Leou, C.H. Tsai, Synthesis of graphene on silicon carbide substrates at low temperature, *Carbon* 47, 2026-2031 (2009).

[60] K.V. Emtsev, A. Bostwick, K. Horn, J. Jobst, G.L. Kellogg, 1. Ley, J.L. McChesney, T. Ohta, S.A. Reshanov, J. Rohr, E. Rotenberg, A.K. Schmid, D. Waidmann, H.B. Webber, T. Seyller, Towards wafer-size graphene layers by atmospheric pressure graphitization of silicon carbide, *Nat. Mater.* 8, 203-

207 (2009).

[61] A.L. V'azquez de Parga, E Calleja, B. Borca, M.C.G. Passeggi Jr., JO. Hinarejos, E Guinea, R. Miranda, Periodically rippled graphene: growth and spatially resolved electronic structure, *Phys. Rev.* Lett. 100, 056807 (2008).

[62] J. Wintterlin, M.-L. Bocquet, Graphene on metal surfaces, *Surf. Sci.* 603, 1841 (2009).

[63] A.G. Cano-Marquez, F.J. Rodrlguez-Maclas, J. Campos-Delgado, C.G. Espinosa-Gonzalez, E Tristan-Lopez, D. Ramire-Gonzalez, D.A. Cullen, D.J. Smith, M. Terrones, Y.I. Vega-Cantu, Ex-MWNTs Graphene sheets and ribbons produced by lithium intercalation and exfoliation of carbon nanotubes, *Nano Lett.* 9, 1527-1533 (2009).

[64] L. Jiao, L. Zhang, X. Wang, G. Diankov, H. Dai, Narrow graphene nanoribbons from carbon nanotubes, *Nature* 458, 877-880 (2009).

[65] D.V. Kosynkin, A.L. Higginbotham, A. Sinitskii, J.R. Lomeda, A. Dimiev, B.K. Price, J.M. Tour, Longitudinal unzipping of carbon nanotubes to form graphene nanoribbons, *Nature* 458, 872-876 (2009).

[66] H.-L. Guo, X.-F. Wang, Q.-Y. Qian, F.-B. Wang, X.-H. Xia, A green approach to the synthesis of graphene nanosheets, *ACS Nano* 3, 2653-2659 (2009).

[67] C.D. Kim, B.K. Min, W.S. Jung, Preparation of graphene sheets by the reduction of carbon monoxide, *Carbon* 47, 1610-1612 (2009).

[68] A. Turchanin, A. Beyer, C.T. Nottbohm, X. Zhang, R. Stosch, A. Sologubenko, J. Mayer, P. Hinze, T. Weimann, A. Golzhauser One nanometer thin carbon nanosheets with tunable conductivity and stiffness, *Adv. Mater.* 21, 1233-1237 (2009).

[69] M.J. Schultz, X. Zhang, S. Unarunotai, D.-Y. Khang, Q. Cao, C. Wang, C. Lei, S. MacLaren, J.A.N.T. Soares, I. Petrov, J.S. Moore, J.A. Rogers, Synthesis of linked carbon monolayers: Films, balloons, tubes and pleated sheets, *Proc. Natl. Acad. Sci USA* 105, 7353-7358 (2008).

第 3 章

石墨烯的表征

石墨烯可以通过多种技术进行表征, 如扫描电子显微镜 (scanning electron microscopy, SEM)、扫描隧道显微镜 (scanning tunneling microscopy, STM)、X 射线光电子能谱 (X–ray photoelectron spectroscopy, XPS)、原子力显微镜 (atomic force microscopy, AFM)、拉曼光谱和 X 射线衍射 (X–ray diffraction, XRD)。但是, 石墨烯的表征并不局限于以上提到的技术。本章将简要探讨大多数实验室采用的某些重要的表征技术。

3.1 石墨烯层的光学成像

单层、双层和少数层石墨烯可以使用光学显微镜、AFM、SEM 和高分辨透射电子显微镜 (high-resolution transmission electron microscopy, HRTEM) 来进行成像[1–4]。为了更好地展示不同层数的石墨烯, 通常需要组合两种或多种成像技术[1–4]。在实验室中, 光学显微镜是最便宜、简单易行和非破坏性的方法, 因此它被广泛用于不同石墨烯层的成像。为了得到对比度最佳的图像, 应该将石墨烯层安置在 SiO_2 基底上[1,4]。自 2008 年以来, 在如何设计基底以提高石墨烯晶片的能见度方面, 人们已投入了大量的关注[1–4]。与这种对比度相关的机理可通过介质表层的 Fabry-Perot 干涉作用进行解释, 干涉作用影响到荧光强度, 从而使得石墨烯层与基底之间形成对比[1]。

SiO_2 和 Si_3N_4 是广泛首选的用于涂覆硅片的材料, 常用来增强介电石墨烯层的对比度[1,4,5]。另一个与对比度有关并且可以调节对比度的因子是入射光的波长[1,4]。Blake 等人[5] 在多种窄带滤波器的辅助下考察了对比度的变化规律,用于检测不同厚度 SiO$_2$ 支撑体上的石墨烯层[1,4]。此外,他们还证实了在普通白光照射下,厚度为 200 nm SiO$_2$ 上的石墨烯层是不可见的[4,5]。然而,厚度为 300 nm SiO$_2$ 上的石墨烯晶片在绿光照射下可见,厚度为 200 nm SiO$_2$ 上的石墨烯晶片在蓝光照射下可见[1,4]。

图 3.1 是涂覆厚度为 300 nm SiO$_2$ 的硅基底上不同层数微机械剥离石墨烯的光学成像照片。通过色彩对比和原子力显微镜技术可揭示石墨烯样品的层数[1,4,6]。此外,该检测技术受到基底厚度和入射光波长的影响[1]。有必要针对这个问题开展深入研究,以便促进独立于支撑材料的石墨烯晶片的可视化[1]。

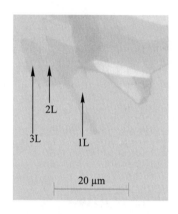

图 3.1　覆有厚度为 300 nm SiO$_2$ 的硅片上的单、双和三层石墨烯光学显微成像照片,分别标记为 1L、2L 和 3L。(经授权引自 J.S. Park, A. Reina, R. Saito, J. Kong, G. Dresselhaus, M.S. Dresselhaus, *Carbon* 47, 1303–1310, 2009)

3.2　荧光猝灭技术

石墨烯、RGO (还原氧化石墨烯)、GO (氧化石墨烯) 可以由荧光猝灭显微镜 (fluorescence quenching microscopy, FQM) 技术成像。利用 FQM 技术对样品成像,将有利于样品的即时评估和处理,从而可优化其合成工艺[1,4,7]。FQM 已被证实是一个经济、省时地实现 GO 和 RGO 可视化的方法[1,4]。其成像机理为:先猝灭涂覆有染料的 GO 和 RGO 发出的光线[1,4],然后在不破坏石墨烯层的情况下通过漂洗作用去除染料。由于 GO 与染料分子之间存在化学相互作用,因此会出现对比度[1]。从染料分子转移到 GO 上的电荷会导致荧光猝灭[1,4,8]。荧光图像的对比测量 (图 3.1) 是在一个厚度为 300 nm 的 SiO_x 层上实现的。当 GO 沉积到厚度为 100 nm 的 SiO_x 上时, 对比度增强。石英和玻璃的对比度数值分别是 0.52 和 0.07[1,4], 这样的对比度值足以用于清晰地观察石墨烯[1,4,8]。

图 3.2 为石墨烯的 FQM 照片, 将同一区域获取的 AFM 照片放在一起以进行对比。FQM 技术甚至能够在塑料基底上对 GO/RGO 薄膜微观结构进行视觉观察[1]。这项技术基于光技术, 因此只限于含有微米级长度石墨烯层的样品[1]。此外, FQM 的横向分辨率是受到衍射作用局限的。FQM 需要将染料添加到石墨烯表面, 添加染料这种做法的缺点是, 它阻止了同一样品的再次使用, 因为它连接了不需要的功能团[1,4]。

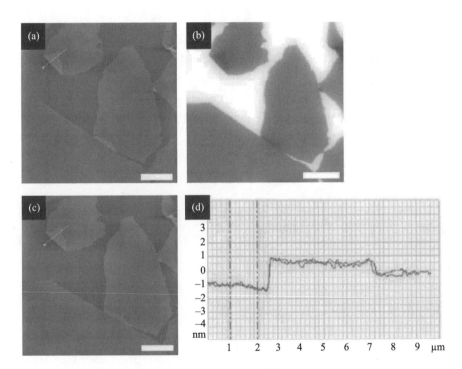

图 3.2　(a) 涂覆 30 nm 厚的荧光素/聚乙烯吡咯烷酮层 (为 FQM 检测用) 之前, 沉积在 SiO_2/Si 晶片上的单层 GO 的 AFM 图像。(b) 相同晶片区域的 FQM 图像, 可以看出它与 AFM 图像有很好的相关性。(c) 洗脱染料涂层后, AFM 检测不到残留物。(d) 针对某一折叠薄层的线性扫描数据显示, FQM 成像前后没有明显的厚度偏差 (所有刻度线比例为 10 μm)。(经授权引自 J. Kim, L.J. Cote, F. Kim, J. Huang, J.Am. *Chem. Soc.* 132, 260–267, 2009)

3.3 原子力显微镜

原子力显微镜 (AFM) 是一种极为实用的能在纳米尺度内探测层厚的技术[1]。但是,这种技术对于大面积石墨烯成像来说非常繁琐。而且,在常规操作条件下,AFM 成像仅能给出形貌上的对比度,而不能区分出氧化石墨烯和石墨烯层[1]。此外,轻敲模式 AFM 具有一个引人关注的特性,即可以相位成像,这有助于区分无缺陷原始石墨烯和它的功能化变体[1],这是因为 AFM 探针与石墨烯上附着的功能团之间存在着不同的相互作用力。

Paredes 等人[9] 证实了 AFM 引力模式对确定石墨烯层厚度的影响。Paredes 等人[9] 发现斥力模式会诱导变形,从而导致在高度测量方面存在误差。他们发现,未还原的氧化石墨烯的厚度为 1.0 nm,化学还原氧化石墨烯的厚度为 0.6 nm。据报道,厚度和相位对比度之所以存在差异是由于某一独特含氧功能团在还原过程中的亲水性差异导致的,如图 3.3 所示。

除了成像和厚度检测,AFM 已被用于探索石墨烯的力学表征,因为它可以辨别材料变形过程中产生的微小力矩[1]。各种各样的 AFM 模式使其可用于研究石墨烯晶片的力学、摩擦力学、电力学、磁力学甚至是弹性性能[1,10]。

3.4 透射电子显微镜

一般情况下,透射电子显微镜 (TEM) 常用于纳米级材料的成像,其分辨率可达原子尺度。在 TEM 中,透射电子束穿过超薄样品到达成像透镜和检测器[1]。石墨烯和 RGO 中,单层厚度仅相当于一个原子[1]。TEM 是唯一可以分析石墨烯原子特征的可靠工具。然而,使用传统的 TEM 手段会受限于它们在低操作电压下的分辨率,而在高操作电压下又会损坏石墨烯的单层结构。

一些研究人员使用了一种新型的与单色仪相结合的像差校正 TEM,它可以在仅有 80 kV 的加速电压下提供 1 Å 的分辨率[1,11,12]。Mayer 研究小组首次公布了石墨烯晶格的直接高分辨率成像情况,从中可以看出,单个碳原子排列成六边形[1,13]。该图像清晰地揭示了球-棒模型,图像中的明暗对比分别对应着原子和间隙,如图 3.4 所示。也有研究人员

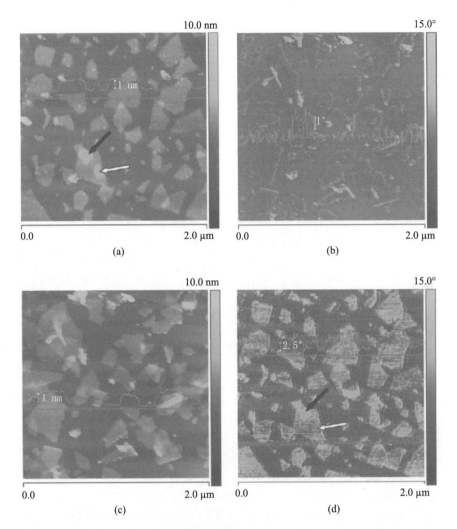

图 3.3 从水相沉积到刚裂解的高度定向热解石墨 (highly oriented pyrolytic graphite, HOPG) 上的未还原 ((a) 和 (b)) 和经过化学法还原 ((c) 和 (d)) 的氧化石墨烯晶片的高度 ((a) 和 (c)) 和相应相位 ((b) 和 (d)) 的轻敲模式 AFM 图像。该图像记录的是探针与样品相互作用的引力区的结果。叠加到每个图像上的是一条沿着深色标记线测出的轮廓线。(经授权引自 J.I. Paredes, S. Villar-Rodil, P. Solis-Fernandez, A. Martinez-Alonso, J.M.D. Tascon, *Langmuir* 25, 5957–5968, 2009)

指出, 石墨烯的缺陷和拓扑特性影响了其电子和力学性能, 这种情况可以利用一个像差校正的低电压 TEM 进行确定[1]。

在另一项成像技术中, Gass 等人[14] 使用扫描透射电子显微镜技术

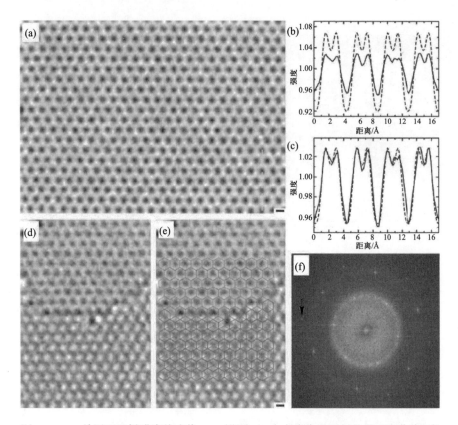

图 3.4　(a) 单层石墨烯膜直接成像。(b) 沿图 (a) 中虚线位置测得的对比度曲线 (实线), 图中虚线为模拟对比度曲线。实验获得的对比度为模拟对比度的 1/2。(c) 将模拟对比度降低为原来的 1/2 后, 在同样实验条件下获得的曲线。(d) 和 (e) 从单层 (见图像上部) 过渡到双层 (见图像下部) 时出现的台阶层表明, 单层石墨烯具有独特的外观。(e) 在同一张图片上加上一层石墨烯晶格示意, 从中可以看出第二层的晶格出现了石墨的 Bernal (ab) 堆叠偏移。(f) 从图像双层区域计算得到的数值衍射图箭头所指的最外层峰的分辨率为 1.06 Å, 比例尺为 2 Å。(经授权引自 J.C. Meyer, C. Kisielowski, R. Erni, M.D. Rossell, M.F. Crommie, A. Zettl, *Nano Lett.* 8, 3582–3586, 2008)

(scanning transmission electron microscopy, STEM) 向人们展示了高角度环形暗场 (high-angle annular dark-field, HAADF) 成像时的原子晶格、缺陷以及表面污染情况。该技术需要将电子束聚焦到单原子区域扫描[1,14]。这种技术使用 Z 轴对比度可以很容易地检测到原子尺度缺陷和杂原子的排列。图 3.5 为一个单层石墨烯的高分辨透射电子显微镜 (high resolution transmission electron microscopy, HRTEM) 亮场和高角度环形暗场成像图像, 显示出一个被杂原子包围的干净的石墨烯单层, 以

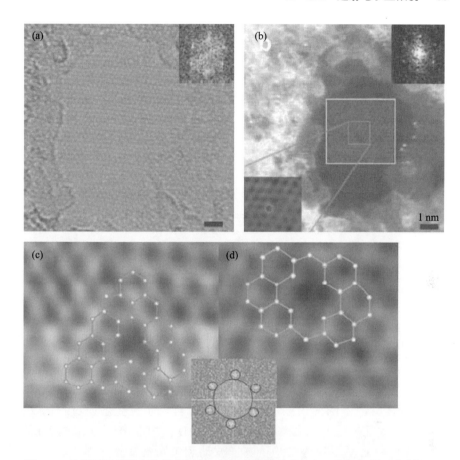

图 3.5 单层石墨烯的高分辨率图像。单层石墨烯的亮场 (a) 和高角度环形暗场 (b) 照片显示，一块干净的石墨烯被一个单原子表面层所包围；原子序数较高的个别杂原子能够在 (b) 中看到。内插图为快速傅里叶变换 (fast fourier transform, FFT) 图像，显示的是在高角度环形暗场图像中观察到的石墨烯晶格，从中可以看出，通过应用一个带通滤波器，石墨烯的原子结构能清晰显示。缺陷的高角度环形暗场晶格图像显示，存在一个单空位 (c) 和一个双空位 (d)。内插图显示的是原始图像的快速傅里叶变换图。(经授权引自 M.H. Gass, U. Bangert, A.L. Bleloch, P. Wang, R.R. Nair, A.K. Geim, *Nat. Nanotechnol.* 3, 676–681, 2008)

及因碳原子缺失所造成的单、双空位缺陷[1]。

另外值得一提的是，由于石墨烯及其氧化物的透明性，当采用 TEM 开展轻原子及分子成像和力学研究时，它们可作为支撑层[1,15-17]。此外，当使用石墨烯作为薄膜来支撑其他 TEM 样品时，就能利用常规的 TEM 来观察最小的原子和分子[1]。与其他非晶型 TEM 支撑体不同的是, 石墨烯只有一个原子的厚度, 它可为 TEM 提供最薄的连续支撑体[1]。石墨烯的晶化度和高电导率有助于背景差分及电荷还原作用[1]。

如前所述, 与 GO 相比, RGO 具有优异的电导率, 但它仍不如原始的石墨烯[1,4]。预计这是因为碳的二维晶格在还原过程中产生了许多缺陷 (点缺陷或未能完全去除环氧/含氧功能团)[1]。这些缺陷和异质功能团会显著地影响导电性和导热性[1]。因此, 当应用于技术上非常重要的电子设备之前, 有必要先确定石墨烯中最主要的缺陷[1]。与其他光谱技术相结合时, HRTEM 可以揭示 GO、RGO 的原子结构[1]。近年来, 在原子水平上针对 GO、RGO 的局部化学结构和缺陷结构开展了较为详尽的研究工作[1,11,18]。

3.5 拉曼光谱

由于电子带的变化, 碳同素异形体的特征可以通过拉曼光谱的 D、G 和 2D 峰 (分别在 1350 cm^{-1}、1580 cm^{-1} 和 2700 cm^{-1} 附近出现) 来确定[1,4]。识别这些特征后就可以根据石墨烯层的数量及其应变效应、掺杂浓度、温度和存在的缺陷情况来表征石墨烯层[1,4]。G 波段与布里渊区中心的双衰减 E_{2g} 声子模式有关。该波段 (在 1580 cm^{-1} 附近) 是 sp^2 碳原子的面内振动形成的, 而源自二阶拉曼散射过程的 2D 波段的频率几乎是 D 波段频率的两倍[1,4]。D 波段的出现是由于紊乱的原子排列或石墨烯边缘效应、电子波动和电荷漩涡造成的[1]。

图 3.6 是石墨和单层、少数层石墨烯的拉曼光谱对比图[1,19]。石墨烯层中心的拉曼光谱图中没有出现 D 峰, 这可以证实此处石墨烯无缺陷。相反, 在石墨烯和石墨的光谱中观察到了形状和强度显著变化的 2D 波段。

Ferrari 等[19] 指出, 块状石墨的 2D 波段分裂成两种组分, 双层石墨烯的 2D 波段分裂成四种组分 (图 3.6(c)、(d))。层数的增加降低了 2D 波段的相对强度, 增强了其半峰全宽 (full width at half maximum, FWHM) 值, 使其发生蓝移。据报道, 单层石墨烯的单尖 2D 峰的强度比 G 峰高 4 倍[1]。

石墨烯的性能主要取决于层数和纯度[1,4]。因此, 许多研究人员使用拉曼光谱作为一种非破坏性工具对单层和少数层石墨烯进行表征及维持质量控制[1]。采用拉曼光谱也研究了以下几种参数对石墨烯的影响, 包括厚度、石墨烯层的张力、缺陷和掺杂等[1,4]。

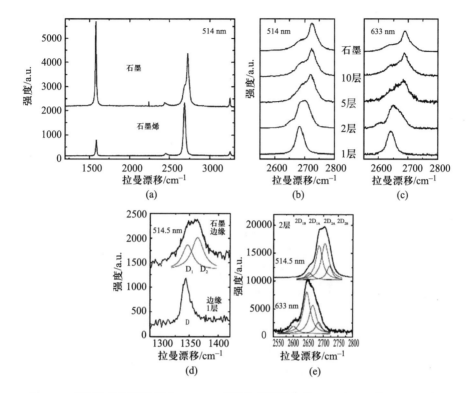

图 3.6 石墨和单层石墨烯在 514 nm 时的拉曼光谱比较。(b) 和 (c) 是 514 nm 和 633 nm 激发时, 2D 波段出峰位置随石墨烯层数的变化。(d) 和 (e) 是块状石墨边缘和 单层石墨烯在 514 nm 时的 D 波段对比图, 该图还展示了块状石墨 D 波段的 D1 和 D2 组成的拟合曲线。(e) 双层石墨烯在 514.5 nm 和 633 nm 时 2D 波段的四种组 成。(经授权引自 A.C. Ferrari, J.C. Meyer, V. Scardaci, C. Casiraghi, M. Lazzeri, F. Mauri, et al., *Phys. Rev. Lett.* 97, 187401, 2006)

3.6 电化学表征

    石墨烯晶片提供了一个良好的 2D 电子输运环境。石墨烯晶片的异 构电子传递发生在石墨烯晶片的边缘; 石墨烯晶片的平面异构电子传 递接近于零[2,22]。石墨烯边缘的含氧基团会影响石墨烯的电化学性 质[2]。然而, 尚不能确定这种影响是积极的 (如提高异构电子传递速率) 还是消极的 (如抑制异构电子传递速率)[2]。

    Chou 等[23] 提供的证据表明, 用单壁碳纳米管对电极上的羧酸基团 进行修饰能够提高亚铁/铁氰化钾的异构电子传递速率常数 (从而提高电子传递速率)[2]。然而, Pumera 在他的研究中对此结论进行了反驳[24]。在另一项研究中, Ji 等人[25] 指出, 石墨材料和亚铁/铁氰化钾之间的异构电子传递速率随着石墨材料中含氧基团的增加而降低。另一方面, Pumera 等人[26] 指出, 在碳纳米管和石墨上的含氧功能团具有优先电催化氧化烯二醇功能团的特性 (图 3.7)。在同一研究中, 作者认为这种电子传递的增强是由于石墨烯晶片在酸处理过程中产生了含氧物质所致[2,26]。

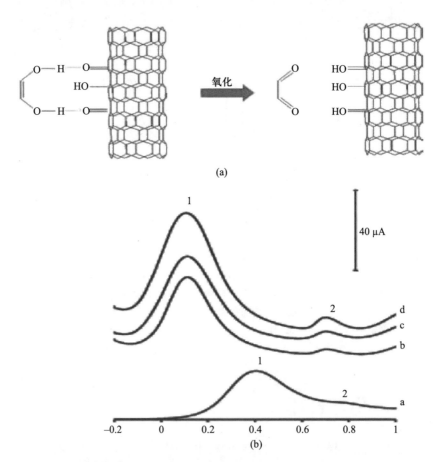

图 3.7　电催化氧化烯二醇功能团的过程。(a) 通过质子辅助电子传递机制, 石墨烯晶片表面存在的含氧基团可强化烯二醇氧化过程中电子的转移, 由此证实其参与了表面电催化过程。(b) 使用不同的丝网印刷电极 (screen-printed electrodes, SPE) 时, 在含抗坏血酸 (1) 和吡哆醇 (2) 的辅酶实际样品中测得的微分脉冲伏安 (differential pulse voltammetry, DPV) 曲线: a—空白、b—活性炭丝网印刷电极、c—石墨丝网印刷电极、d—多壁碳纳米管丝网印刷电极。(经授权引自 A.G. Crevillen, M. Pumera, M.C. Gonzalez, A. Escarpa, *Analyst* 134, 657–662, 2009)

烯二醇基团氧化过程发生的异构电荷传递源于一种质子耦合电子传递机制[2,26]。含氧物质消去烯二醇基团上的 2 个质子,并辅助氧化反应,从而降低过电压[2,26]。然而,含氧功能团对石墨烯电化学过程的影响不能高估[2,21]。它们不仅对异构电子传递速率有影响,也对电化学反应前后的分子吸附/解吸附过程有影响[2,21]。

Pumera 等通过理论和实验证明了 β-烟酰胺腺嘌呤二核苷酸 (NAD+) 吸附于石墨片上相关机制的主导因素[2,27] (图 3.8)。NAD+ 是采用脱氢酶制造电化学酶生物传感器和生物燃料电池的一个关键要

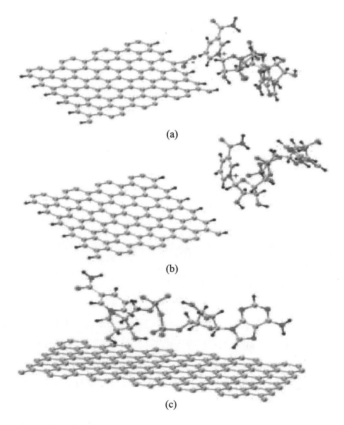

(a)

(b)

(c)

图 3.8 烟碱腺嘌呤吸附于石墨烯片上的过程。(a) 石墨烯的边缘面以 H 原子和-COO 基团终结时,NAD+ 吸附过程的几何模型。(b) 石墨烯的边缘面完全以氢原子终结时,NAD+ 吸附过程的几何模型。(c) NAD+ 通过 Car-Parrinello 分子动力学效应吸附于石墨烯基面的几何模型。C, 灰色; N, 蓝色; O, 红色; P, 黄色; H, 黑色。(经授权引自 M. Pumera, R. Scipioni, H. Iwai, T. Ohno, Y. Miyahara, M. Boero, *Chem. Eur. J.* 15, 10851–10856, 2009)(彩色版本见彩图)

素[2,28-31]。NAD+ 在碳材料 (包括碳纳米管和石墨) 上的吸附反应是一个备受关注的问题, 而且尚未开展详细研究[2,21]。Pumera[21] 证实, 在 sp² 碳材料中, NAD+ 的吸附是由于含氧羧酸基团的存在, 这种含氧羧酸基团是由于空气自然氧化而在石墨烯晶片的边缘和类石墨烯边缘缺陷处形成的[2]。Pumera 采用 XPS、循环伏安法和安培法证实了 NAD+ 的吸附以及电极的钝化发生在石墨烯边缘及类边缘缺陷处。XPS 和 Car-Parrinello 分子动力学证明: 当把 NAD+ 置于含有–COO–功能团的石墨烯晶片边缘附近时, 会有明显的相互作用, 该现象与实验结果一致[2]。另一方面, 当把 NAD+ 放置于接近石墨烯基面或放置于仅发生了氢取代的石墨烯边缘附近时, 并没有发现此种相互作用存在[2,24]。

参考文献

[1] I. Jung, M. Pelton, R. Piner, D.A. Dikin, S. Stankovich, S. Watcharotone, et al., Simple approach for high-constrast optical imaging and characterization of graphene-based sheets, *Nano Lett.* 7, 3569-3575 (2007).

[2] A. Lamnacher, P. Fromherz, Fluorescence interference-contrast microscopy on oxidized silicon using a monomolecular dye layer, *Appl. Phys. A Mater. Sci. Process.* 63, 207-216 (1996).

[3] Z.H. Ni, H.M. Wang, J. Kasim, H.M. Fan, T. Yu, Y.H. Wu, et al., Graphene thickness determination using reflection and contrast spectroscopy, *Nano lett.* 7, 2758-2763 (2007).

[4] V. Singh, D. Joung, L. Zhai, S. Das, S.I. Khondaker, S. Seal, Graphene based materials: Past, present and future, *Prog. Mater. Sci.* 56, 1178-1271 (2011).

[5] P. Blake, E.W. Hill, A.H.C. Neto, K.S. Novoselov, D. Jiang, R. Yang, et al., Making graphene visible, *Appl. Phys. Lett.* 91, 063124 (2007).

[6] J.S. Park, A. Reina, R. Saito, J. Kong, G. Dresselhaus, M.S. Dresselhaus, G' band Raman spectra of single, double and triple layer graphene, *Carbon* 47, 1303-1310 (2009).

[7] J. Kim, L.J. Cote, F. Kim, J. Huang, Visualizing graphene based sheets by fluorescence quenching microscopy, *J. Am. Cbem. Soc.* 132, 260-267 (2009).

[8] E. Ereossi, M. Melucci, A. Liscio, M. Gazzano, P. Samori, V. Palermo, High-contrast visualization of graphene oxide on dye-sensitized glass, quartz, and silicon by fluorescence quenching, *J. Am. Cbem. Soc.* 131, 15576-15577 (2009).

[9] J.I. Paredes, S. Villar-Rodil, P. Solis-Fernandez, A. Martinez-Alonso, J.M.D. Tascon, Atomic force and scanning tunneling microscopy imaging of graphene nanosheets derived from graphite oxide, *Langmuir* 25, 5957-5968 (2009).

[10] C. Lee, X. Wei, J.W. Kysar, J. Hone, Measurement of the elastic properties and intrinsic strength of monolayer graphene, *Science* 321, 385-388 (2008).

[11] C. Gómez-Navarro, J.C. Meyer, R.S. Sundaram, A. Chuvilin, S. Kurasch, M. Burghard, et al., Atomic structure of reduced graphene oxide, *Nano Lett.* 10, 1144-1148 (2010).

[12] C.O. Girit, J.C. Meyer, R. Erni, M.D. Rossell, C. Kisielowski, L. Yang, et al., Graphene at the edge: Stability and dynamics, *Science* 323, 1705-1708 (2009).

[13] G.C. Meyer, C. Kisielowski, R. Erni, M.D. Rossell, M.F, Crommie, A. Zettl, Direct imaging of lattice atoms and topological defects in graphene membrances, *Nano Lett.* 8, 3582-3586 (2008).

[14] M.H. Gass, U. Bangert, A.L. Bleloch, P. Wang, R.R. Nair, A.K. Geim, Freestanding graphene at atomic resolution, *Nat. Nanotecbnol.* 3, 676-681 (2008).

[15] N.R. Wilson, P.A. Pandey, R. Beanland, R.J. Young, I.A. Kinloch, L. Gong, et al., Graphene oxide: structural analysis and application as a lighly transparent support for electron microscopy, *ACS Nano* 3, 2547-2556 (2006).

[16] J.C. Meyer, C.O, Girit, M.E. Crommie, A. Zettl, Imaging and dynamics of light atoms and molecules on graphene, *Nature* 454, 319-322 (2008).

[17] R.R. Nair, P. Blake, J.R. Blake, R. ZAN, S. Anissimova, U. Bangert, et al., Graphene as a transparent conductive support for studying biological molecules by transmission electron microscopy, *Appl. Phys. Lett.* 97, 3492845 (2010).

[18] K. Erickson, R. Frni, Z. Lee, N. Alem, W. Gannett, A. Zettl, Determination of the local chemical structure of graphene oxide and reduced graphene oxide, *Adv. Mater.* 22, 4467-4472 (2010).

[19] A.C. Ferrari, J.C. Meyer, V. Scardaci, C. Casiraghi, M. Lazzeri, F. Mauri, et al., Raman spectrum of graphene and graphene layers, *Phys. Rev. Lett.* 97, 187401 (2006).

[20] I. Calizo, A.A. Balandin, W. Bao, F. Miao, C. N. Lau, Temperature dependence of the Raman spectra of graphene and graphene multilayers, *Nano Lett.* 7, 2645-2649 (2007).

[21] M. Pumera, Electrochemistry of graphene: New horizons for sensing and

energy storage, *Chem. Record* 9, 211-223 (2009).

[22] T.J. Davis, M.E. Hyde, R.G. Compton, Nanotrench arrays reveal insight in to graphite electrochemistry, *Angew. Cbem.* 117, 5251-5256 (2006).

[23] A. Chou, T. Bocking, N.K. Singh, J.J. Gooding, Demonstration of the importance of oxygenated species at the ends of carbon nanotubes on their favorable electrochemical properties, *Chem. Commun.* 842-844 (2005).

[24] M. Pumera, Electrochemical properties of double walled carbon nanotube electrodes, *Nanoscale. Res. Lett.* 2, 87-93 (2007).

[25] X. Ji, C.E. Banks, A. Crossley, R.G. Compton, Oxygenated edge plane sites slow the electron transfer of the ferro/ferricyanide redox couple at graphene electrodes, *Chem. Phys.* 7, 1337-1344 (2006).

[26] A.G. Crevillen, M. Pumera, M.C. Gonzalez, A. Escarpa, The preferential electrocatalytic behavior of graphite and multiwalled carbon nanotubes on enediol groups and their analytical implications in real domains, *Analyst* 134, 657-662 (2009).

[27] M. Pumera, R. Scipioni, H. Iwai, T. Ohno, Y. Miyahara, M. Boero, A mechanism of adsorption of β-nicotinamide adenine dinucleotide on graphene sheets: Experiment and theory, *Chem. Eur. J.* 15, 10851-10856 (2009).

[28] C.M. Moore, S.D. Minteer, S.R. Martin, Microchip-based ethanol/oxygen biofuel cell, *Lab Chip* 5, 218-225 (2005).

[29] N.G. Shang, P. Papakonstantinou, M. McMullan, M. Chu, A. Stamboulis, A. Potenza, S.S. Dhesi, H. Marchetto, Catalyst-free efficient growth, orientation and biosensing properties of multilayer graphene nano-flake films with sharp edge planes, *Adv. Funct. Mater.* 18, 3506-3514 (2008).

[30] J. Lu, L.T. Drzal, R.M. Worden, L Lee, Simple fabrication of a highly sensitive glucose biosensor using enzymes immobilized in exfoliated graphite nanoplatelets nafion membrane, *Chem. Mater.* 19, 6240-6246 (2007).

[31] K. Kato, N. Sekioka, A. Ueda, R. Kurita, S. Hirono, K. Suzuki, O.J. Niwa, A nanocarbon film electrode as a platform for exploring DNA methylation, *J. Am. Chem. Soc.* 130, 3716-3717 (2008).

第 4 章

石墨烯基材料在气体
传感器中的应用

4.1 石墨烯基材料用作气体传感器

纳米材料具有独特而出色的特性 (如具有非常高的比表面积), 这使得它相比于其他材料更适合于气体检测[1]。正是由于具有这种优异的性质, 使其可用于研发性能卓越的新型传感器, 同时还能减小传感器体积和能耗[1]。此外, 因为石墨烯具有二维结构, 使得每个碳原子都成为表面原子, 因此在石墨烯内传输的电子对石墨烯表面吸附的分子非常敏感[1]。石墨烯已被证实是一种颇具前景的气体检测材料[1-3]。例如, Sheehan 等报道, 机械剥离石墨烯有望用于检测单分子级别的气体种类。石墨烯的气体检测机理是基于石墨烯表面吸附和脱附气体分子 (这些气体分子主要是作为电子供体和受体) 的过程, 这一过程会导致石墨烯的电导率发生变化[1-2]。

Chen 等[1] 证明了用石墨烯材料制作高灵敏气体检测器的可能性。Chen 等[1] 通过在黄金指叉式电极上分散氧化石墨烯悬浊液来设计传感器件, 其中源极宽度、漏极宽度以及源–漏间距均为 $1~\mu m$。这些电极是在涂覆有热成形 SiO_2 表层 (厚度为 $200~nm$) 的硅晶片上进行电子束光刻处理而制成的。将数滴氧化石墨烯悬浊液涂覆在黄金指叉式电极上, 当水蒸发后, 石墨烯就会在晶片上形成不连贯的网状结构。该传感器件的工作原理是, 当氧化石墨烯通过低温热处理部分还原后, 源–漏沟道闭合, 因此, 当接触到不同的气体时, 传感器的导电性会随之变化。

Chen 等[1] 在管式炉里 (lindberg blue, TF55035A-1) 实施了氧化石墨烯的热还原处理, 采用了连续多步加热和单步加热两种模式。在连续多步加热这种模式中, 将氧化石墨烯传感器按 100°C、200°C、300°C 的顺序实施 3 个加热周期, 每个加热周期均在氩气气氛中持续 1 h。单步加热模式是将氧化石墨烯传感器在 200°C 的氩气气氛中加热 2 h。完成加热工序后, 将样品在 5 min 内快速冷却至室温 (使用吹风机辅助)。采用 Keithley 2602 源表在氧化石墨烯传感器上开展了双端直流和三端场效应晶体管 (field effect transistor, FET) 测量 (图 4.1)。通过逐步升高漏–源电压 V_{ds} 同时记录漏–源电流 I_{ds} 的方式测量了氧化石墨烯的电导率, 由此评估了热处理过程对传感器性能的影响。在场效应晶体管测量中使用硅晶片的底部作为背栅电极。

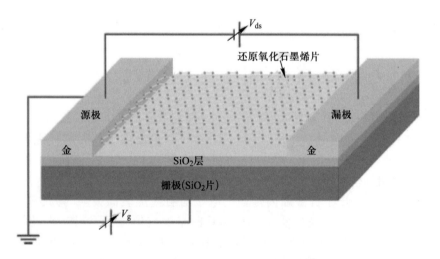

图 4.1 还原氧化石墨烯传感器的结构示意图。还原石墨烯晶片桥接了源极和漏极, 使电路闭合。在场效应晶体管测量中, 硅晶片的底部是作为背栅电极。(经授权引自 G. Lu, L.E. Ocola, J. Chen, *Nanotechnol.* 20, 445502, 2009)

Chen 等[1] 在实际环境条件 (如室温和大气压) 下针对干燥空气中的低浓度 NO_2 和 NH_3 考察了所制备的氧化石墨烯传感器的传感性能。为了表征气体传感性能, 采用一个具有电气反馈功能的气密测试舱来放置氧化石墨烯传感器[1,5]。这个气密舱的体积 (6.3×10^{-5} m^3) 尽量小型化, 以减少电容效应。在传感器上施加一个较低的恒定直流电压 ($0.1 \sim 5$ V), 同时记录传感器交替暴露于清洁空气和含有 NO_2^- 或 NH_3^- 的空气中时流过传感器的电流变化值, 就可以监测氧化石墨烯的电导率变化[1]。一个传感测试周期通常包括 3 个连续的步骤: ① 传感器接触清洁空气, 记录传感器电导率的基值; ② 传感器接触待测气体, 获得传感信号; ③ 传感器接触清洁空气, 使传感器性能恢复[1]。

Chen 等[1] 证明, 沉积有氧化石墨烯片的传感器对 100 ppm (1 ppm $= 10^{-6}$) 的 NO_2 或 1%的 NH_3 无响应, 这意味着未还原的氧化石墨烯的电输运性能没有明显变化。他们也发现, 采用 100°C 热处理 1 h 通常不足以使氧化石墨烯传感器对目标气体有所响应。通过 100°C 和 200°C (各 1 h) 连续多步加热或 200°C (2 h) 单步加热实现部分还原后, 氧化石墨烯传感器变得对 NO_2 和 NH_3 非常敏感。这极有可能是由于许多石墨烯碳原子恢复了活性, 为目标气体的吸附提供了吸附位[1]。还有一种可能是, 在热处理过程中产生了很多空穴或小孔, 而这些缺陷也可以成为气体分子的吸附位点[1,6]。

图 4.2(a) 为氧化石墨烯传感器在氩气气氛中进行 100°C 和 200°C (各 1 h) 的连续加热后, 在室温条件下检测 100 ppm NO_2 时的一种典型动态响应曲线 (电流随时间的变化)。传感器先暴露于清洁空气中 10 min (空气流量 2 L·m^{-1}) 以记录传感器电导率的基值, 之后暴露于混有 100 ppm NO_2 的空气中 15 min (气体流量 2 L·m^{-1}) 以记录传感信号, 最后再次暴露于清洁空气中 25 min (气体流量 2 L·m^{-1}) 以恢复传感器的性能[1]。当在空气中混入 NO_2 时, 传感器电流很快升高 (即传感器的电导率升高); 当停止通入 NO_2, 再次通入清洁空气后, 传感器在 30 min 内恢复了电导率[1]。

开展了 3 次重复实验 (图 4.2(a)), 信号具有非常好的重现性。如图 4.2(b) 所示, 信号强度 (正比于 NO_2 的出峰高度) 取决于 NO_2 浓度, 当 NO_2 的浓度由 100 ppm 降到 50 ppm, 再降到 25 ppm 时, 信号强度亦随之降低[1]。图 4.2(c) 为传感器对 2 ppm 的 NO_2 的响应曲线; 通入 NO_2 40 min 后, 电导率升高了 12%。假设电导率变化与 NO_2 的浓度之间存在着线性关系, 这种传感器的灵敏度可以媲美于基于机械剥离石墨烯的传感器 (NO_2 浓度每增加 1 ppm, 此种传感器的电导率提升 4.3%)[1-2]。

Chen 等人[1] 制备的传感器简易、价廉, 而且具有进一步优化的可能性, 因而在实用化方面颇具前景。传感器的优异表现归因于还原的 P 型氧化石墨烯的表面可以有效吸附 $NO_2^{[1]}$。NO_2 是一种强氧化剂和得电子基团, 因此, 电子会从还原氧化石墨烯迁移到其吸附的 NO_2 上, 该过程增加了空穴浓度并增大了还原氧化石墨烯片的电导率[1,7]。

图 4.2(d) 比较了传感器在经过 200°C 和 300°C 退火后检测 100 ppm

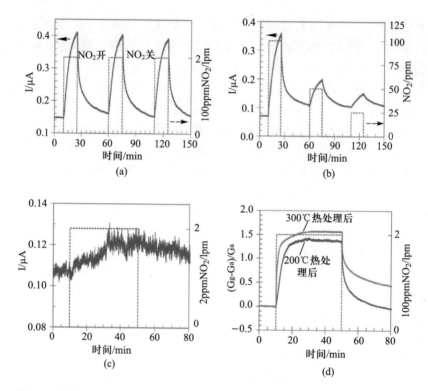

图 4.2 氧化石墨烯传感器进行连续多步加热后, 在室温条件下检测 NO_2 的结果。(a) 当在氩气气氛中先后于 100°C 和 200°C 退火 (各 1 h) 后, 氧化石墨烯传感器对 100 ppm 的 NO_2 的响应值具有可重现性。(b) 检测信号强度与 NO_2 的浓度极为相关。(c) 氧化石墨烯传感器能够检测浓度低至 2 ppm 的 NO_2。(d) 相比 200°C 时的退火结果, 300°C 的退火处理措施提升了检测器的灵敏度, 缩短了响应时间, 但延长了恢复时间 (经授权引自 G. Lu, L.E. Ocola, J. Chen, *Nanotechnol.* 20, 445502, 2009)

NO_2 时的灵敏度。传感器的灵敏度是以 $(Gg-Ga)/Ga$ 的比值进行评估, 其中 Ga 是传感器在清洁空气中的电导率, Gg 是传感器在混有 100 ppm NO_2 的空气中的电导率。Chen 等[1] 发现, 传感器在经过 300°C 退火后对 100 ppm NO_2 的灵敏度为 1.56, 高于经 200°C 退火后的灵敏度 (1.41)。并且他们还发现, 当此传感器接触到 NO_2 时响应速度较快, 这可以由曲线上较陡的斜率反映出来[1]。这种较快的响应是由于在 300°C 退火中产生了更多具有石墨特征的碳原子, 因为分子吸附在 sp^2 碳原子上 (所需的键合能较低) 比吸附在缺陷上更快[1,3]。但是, 经过 300°C 退火后传感器的恢复能力变慢, 因为该传感器在干燥空气中暴露 30 min 后没有恢复其初始电导率, 而在经过 200°C 退火后, 相同条件下, 传感器电导率可完全恢复[1]。低温加热和紫外线照射可以加速传感器的恢复过程[1]。

氧化石墨烯传感器在连续热处理或者单步热处理后, 也可用于检测 NH_3。图 4.3 是采用某还原氧化石墨烯传感器 (经 300°C 热处理) 检测 1% NH_3 的数据, 该传感器对 NO_2 的检测结果见图 4.2。在检测 NH_3 时, 由于 NH_3 (电子供体) 的吸附作用, 降低了氧化石墨烯中空穴浓度, 使得氧化石墨烯的电导率降低, 从而导致流过传感器的电流减小 (图 4.3(a))[1]。与检测 NO_2 时能快速恢复电导率 (仅需 30 min) 的情况有所不同, 在检测 NH_3 时, 即使置于清洁空气中 (2 L · min^{-1}) 达 50 h, 氧化石墨烯传感器的电导率也不能恢复到它的初始值 (图 4.3(b))。

Chen 等[1] 证实, 大多数氧化石墨烯传感器在 NH_3 检测后可缓慢恢复其性能 (但也有一个例外, 将在后文提及)。但是, 有必要开展深入研究以了解还原氧化石墨烯在检测 NH_3 后缓慢恢复的内在机制, 以及在还原氧化石墨烯可实际用于重复检测 NH_3 之前找到有效的应对措施来加速其恢复过程。在制备出的所有氧化石墨烯传感器中 (总共有 11 个), Chen 等[1] 开发的传感器是唯一一个能在 NH_3 检测后快速恢复的。

图 4.3(a) 是采用这种传感器 (已在 200°C 氩气气氛中经过 2 h 的单步加热还原处理) 循环 3 次检测 NH_3 的实验结果[1]。此处 NH_3 的检测性能要优于 4.2(a) 显示的结果。但是, 在每个 NH_3 检测周期开始时, 都检测到了一个不寻常的电流尖峰 (在图 4.3(a) 中, 用箭头指示), 该现象与之前讨论的氧化石墨烯传感器的检测机理相悖, 并且在其他传感器中没有发现该现象[1]。图 4.3(b) 为图 4.3(a) 左边箭头所指区域的放大图像, 从该图可以看出, 在传感器刚开始检测 NH_3 时, 电流以很陡的斜率激增[1]。这种异常现象可能归因于气密舱在气路开关过程中流场不稳定或存在其他偶然噪声[1]。

但是, 2 个月后再用这种传感器检测 1% NH_3 时, 又发现了更奇特的现象[1]。如图 4.3(c) 所示, 在 2 个月后进行检测时, 与还原处理后立即开展实验所获得的实验结果 (曲线 II, 通过将图 4.3(a) 中曲线归一化处理而得) 相比, 传感器产生的信号 (曲线 I) 趋势完全相反 (即在检测 NH_3 时电导率增加), 其中, 为便于比较, 将电流 I 归一化到 I_0 值中。Chen 及其同事[1] 观察到的现象表明, 除了在还原的 P 型氧化石墨烯中存在气体吸附/脱附机制外, 可能还存在竞争传感机制。

之后, 将该传感器放入 200°C 氩气气氛中再次处理了 2 h, 虽然后来传感性能恢复到 "正常" (检测 NH_3 时, 电导率下降), 但它的灵敏度

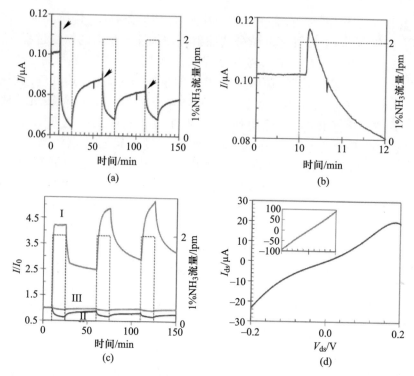

图 4.3　Chen 等开发的传感器循环 3 次检测 NH₃ 的实验结果。(a) 采用氧化石墨烯
传感器 (在 200°C 氩气气氛中单步热处理 2 h 后) 对 1% NH₃ 的检测结果。该传感器
比图 4.2 所示传感器的恢复时间短。(b) 在检测 NH₃ 时, 传感器的电导率先是异常地
升高了几秒钟 (这一现象无法用 NH₃ 吸附引起的氧化石墨烯电导率变化来解释), 之
后如预期的那样衰减。(c) 两个月后对 1% NH₃ 的检测响应结果 (曲线 I), 它与热处理
后立即实施的检测结果 (曲线 II, 对图 4.3(a) 中曲线进行归一化处理获得) 相反 (例如,
随着 NH₃ 检测的进行, 氧化石墨烯传感器的电导率增加了)。当传感器经新一轮热处
理 (200°C 氩气气氛, 持续 2 h) 后, 响应曲线回归正常, 但灵敏度降低了, 如曲线 III 所
示。(d) 传感器的 $I_{ds} - V_{ds}$ 曲线变得不对称和非线性, 这表明氧化石墨烯与金电极之
间是非欧姆型接触; 内插图为传感器经首次热处理后立即开展实验所获得的 $I_{ds} - V_{ds}$
曲线。(经授权引自 G. Lu, L.E. Ocola, J. Chen, *Nanotechnol.* 20, 445502, 2009)

降低了, 见图 4.3(c) 中曲线 III[1]。图 4.3 是在首次热处理 2 个月后, 传感
器的 $I_{ds} - V_{ds}$ 曲线[1]。该曲线是不对称的, 并且是非线性的, 这与刚完
成热处理时的曲线 (图 4.3(d) 中的内插图) 相矛盾, 表明氧化石墨烯与
金电极之间为非欧姆接触。这种因接触造成的问题可能导致了 NH₃ 检
测时的异常现象。例如, Peng 等人就指出, 在室温环境下使用碳纳米管
传感器时, 碳纳米管与金属接触时会存在肖特基势垒调制效应, 这对

NH_3 的检测起着重要作用[1,8]。因此, 石墨烯–金属接触方式对传感器性能的影响有必要在今后开展深入研究。Chen 等[1] 不能排除 NH_3 检测中的异常现象与异乎寻常的快速恢复现象之间是否存在联系。充分了解 NH_3 异常检测现象的原因, 有望形成可用于指导设计传感器某些性能 (例如恢复速率和气体选择性) 的测量方法。

4.1.1 通过插入掺杂剂或缺陷来提升石墨烯的气体检测性能

为了提高石墨烯传感器的实际应用价值, 有必要了解石墨烯表面与吸附分子之间的相互作用[9]。前人已针对小分子在石墨烯上的吸附过程开展了理论研究。早期大部分研究聚焦于完美的石墨烯材料, 并预测石墨烯传感器在气体检测应用上具有较低的吸附能[9-13]。实际上, 通过现有技术制备出的石墨烯晶片可能会有很多杂质[9]。此外, 石墨烯能够有意或无意地被非碳元素掺杂[9]。到目前为止, 关于掺杂剂和缺陷对石墨烯传感特性的影响研究仍是少之又少。

Zhang 等[9] 在近期的论文中提出了一种第一性原理模型, 该模型模拟了一些小分子与各种石墨烯晶片之间的相互作用。该模型体系经过了仔细筛选, 以使其能够涵盖多种基本情况[9]。所挑选的气体分子包括 CO、NO、NO_2 和 NH_3, 这些气体均广泛应用于工业、环境和医药领域中[9]。同时, NO_2 和 NH_3 代表了典型的电子受体和供体, 会与石墨烯之间发生电荷转移[9]。石墨烯是用硼和氮 (分别代表了最广泛应用的 P 型和 N 型掺杂剂) 进行掺杂。对于有缺陷的石墨烯, 为了简化模型, 在每个超级晶胞中仅考虑一个缺失了单个原子的缺陷[9]。为了比较, 对结构完整的石墨烯也开展了研究[9]。Zhang 等[9] 开展该项研究的目的是探明吸附分子对石墨烯电学特性的影响, 另外也是为了了解如何利用这些效果, 从而设计出更为灵敏的气体检测传感器。

Zhang 等[9] 利用 CASTEP 软件[14]、超软赝势、平面波基组以及周期性边界条件完成了密度泛函理论 (density functional theory, DFT) 计算。在所有的弛豫过程中均采用了局域密度近似法 (local density approximation, LDA), 其中, 使用了 CA-PZ (Ceperley-Alder, Perdew-Zungar) 泛函数, 并将平面波基组截止能设为 240 eV[9]。研究中所采用的每个模拟系统都由一个面积为 $12.30 \times 12.30 \times 10 Å$ 的超级石墨烯晶胞 (50 个碳原子) 构成, 在其中心区域吸附了一个单分子 (图 4.4)。相邻石墨烯层的距离保持在 10 Å[9], 布里渊区积分的 k 点设置为 $3 \times 3 \times 1$。通过完全弛豫原子结构, 相互分离的石墨烯的结构参数得以优化[9]。在同样的超级晶胞和 k 点采样条件下, 通过彻底弛豫原子结构直至残余力低于 $0.01 \text{ eV} \cdot \text{Å}^{-1}$, 分子–石墨烯体系的结构得以优化[9]。小分子吸附于石墨烯表面的能量计算公式为

$$E_{\text{ad}} = E_{\text{(molecule+graphene)}} - E_{\text{(graphene)}} - E_{\text{(molecule)}} \tag{4.1}$$

式中, $E_{\text{(molecule+graphene)}}$、$E_{\text{(graphene)}}$ 和 $E_{\text{(molecule)}}$ 分别是石墨烯体系上的弛豫分子、石墨烯以及小分子上的总能量。在态密度 (density-of-states, DOS) 计算中, 为获得较高的精确度, k 点被设置为 $9 \times 9 \times 1$。

Zhang 等[9] 采用 Atomistix 软件工具包 (ATK, 2.0.4 版本) 进行了电子输运计算[15], 计算中采用了基于 DFT 的实域非平衡格林函数 (nonequilibrium green's function, NEGF) 形式[16-21]。每个取样点的间距选择为 200 Ryd, 从而能在计算有效性和精确性方面获得合理的平衡。电流强度采用 Landauer-Buttiker 公式进行计算[9]。在他们的研究中, 出于简化的目的, 将原始石墨烯、硼掺杂石墨烯、氮掺杂石墨烯和有缺陷石墨烯分别表示为 P–石墨烯、B–石墨烯、N–石墨烯和 D–石墨烯[9]。

为了发现性能最佳的吸附取向, Zhang 等[9] 首先将待研究分子以不同方向置于石墨烯晶片上方的不同位置, 经过充分弛豫后, 比较不同初始状态下获得的最优取向, 从中确定能量最稳定的一个[9]。图 4.4 归纳总结了 CO、NO、NO_2 和 NH_3 分子分别在 P–石墨烯、B–石墨烯、N–石墨烯和 D–石墨烯上的最稳定取向。表 4.1 中列出了不同分子–石墨烯体系的详细模拟结果, 包括吸附能量值、石墨烯–分子间的平衡距离 (定义为石墨烯与小分子中挨得最近的两个原子中心之间的距离) 和电荷迁移量 (Mulliken 电荷)。

4.1.1.1   石墨烯吸附 CO

Zhang 等[9] 设计了几种初始取向以用于研究 P–石墨烯对 CO 的吸附。一个 CO 分子首先被放置于一个碳原子或六元环 (6-member ring, 6MR) 中央的上方, CO 分子垂直指向石墨烯 (让碳原子或氧原子指向石墨烯晶面)[9]。Zhang 等[9] 也尝试了其他几种取向方式 (如把 CO 分子平行于石墨烯晶面放置)。经过完全弛豫后发现, 当吸附的 CO 分子轴线沿着六元环上两个相对碳原子轴线平行于石墨烯晶面时, 该取向对于 P–石墨烯而言是最稳定的[9]。该系统的吸附能为 -0.12 eV, 分子–石墨烯晶面之间的距离估计为 3.02 Å (图 4.4 中的 a1)。此时吸附能较低、吸

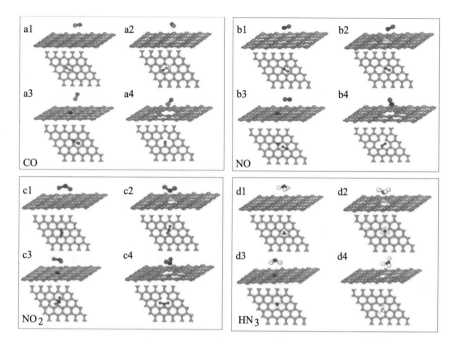

图 4.4 CO、NO、NO$_2$ 和 NH$_3$ 分子分别在 P–石墨烯 (a1, b1, c1, d1)、B–石墨烯 (a2, b2, c2, d2)、N–石墨烯 (a3, b3, c3, d3) 和 D–石墨烯 (a4, b4, c4, d4) 上的最稳定取向。其中,碳原子和硼原子显示为灰色; 氢原子显示为白色; 氮原子和氧原子显示为黑色。(经授权引自 Y.-H. Zhang, Y.-B. Chen, K.-G. Zhou, C.-H. Liu, J. Zeng, H.-L. Zhang, Y. Peng, *Nanotechnology* 20, 185504, 2009)

附距离较远,表明分子与石墨烯之间相互作用较弱。

CO 与 P–石墨烯之间的电荷迁移可以通过 Mulliken 布居分析获得 (表 4.1), 对于 P–石墨烯上的 CO, 其碳原子和氧原子电荷量的计算值分别为 0.42|e| 和 −0.43|e|, 但在 P–石墨烯上的碳原子没有电荷。然而有一个极小的电荷量 (电量约为 0.01|e|) 从 P–石墨烯迁移到 CO 上[9]。当 CO 吸附于 B–石墨烯时, CO 相对于 B–石墨烯的六元环有一个倾角, 其中碳原子离硼原子很近[9]。B–石墨烯对 CO 的吸附能和电荷迁移量分别为 −0.14 eV 和 −0.02|e|[9]。当 CO 吸附于 N–石墨烯体系时, 显示出与 B–石墨烯体系相似的吸附能量 (−0.14 eV), 但此时没有电荷迁移作用。吸附能量值表明 CO 不能区分在石墨烯中的 P 型和 N 型掺杂剂, 这与前文提到的 CO–纳米管相互作用方式不同[9,19]。对于 D–石墨烯, CO 的取向相对于石墨烯晶面有一个倾角, 其中当碳原子指向空穴时的取向是最有利的[9]。

表 4.1　吸附能 E_{ad}、石墨烯–分子之间的平衡距离 d (定义为石墨烯与小分子中挨得最近的两个原子中心之间的距离) 和吸附于不同石墨烯晶面的小分子的 Mulliken 电荷量 Q

体系	$E_{\mathrm{ad}}/\mathrm{eV}$	$d/\text{Å}$	$Q/e^{①}$
P–石墨烯上的 CO	−0.12	3.02	−0.01
P–石墨烯上的 NO	−0.30	2.43	0.04
P–石墨烯上的 NO_2	−0.48	2.73	−0.19
P–石墨烯上的 NH_3	−0.11	2.85	0.02
B–石墨烯上的 CO	−0.14	2.97	−0.02
B–石墨烯上的 NO	−1.07	1.99	0.15
B–石墨烯上的 NO_2	−1.37	1.67	−0.34
B–石墨烯上的 NH_3	−0.50	1.66	0.40
N–石墨烯上的 CO	−0.14	3.15	0
N–石墨烯上的 NO	−0.40	2.32	0.01
N–石墨烯上的 NO_2	−0.98	2.87	−0.55
N–石墨烯上的 NH_3	−0.12	2.86	0.04
D–石墨烯上的 CO	−2.33	1.33	0.26
D–石墨烯上的 NO	−3.04	1.34	−0.29
D–石墨烯上的 NO_2	−3.04	1.42	−0.38
D–石墨烯上的 NH_3	−0.24	2.61	0.02

　　计算表明, 接近空穴缺陷的石墨烯碳原子相比于远离空穴的碳原子而言, 可为 CO 分子提供更强的键合位[9]。CO 与 D–石墨烯之间的最小原子间距是 1.33 Å[9]。这一距离实际上已经很接近 C＝C 双键的键长了, 远远小于其他 3 型石墨烯的最小原子间距, 其中, 这 3 种石墨烯的最小原子间距分别为 3.02 Å (P–石墨烯)、2.97 Å (B–石墨烯) 和 3.15 Å (N–石墨烯)(图 4.4 中的 a1 ~ a3)[9]。D–石墨烯中 CO 的吸附能可达到 −2.33 eV, 这比原始和掺杂石墨烯高出至少一个数量级[9]。图 4.5 为 CO 在 P–石

---

①Q 定义为分子上的 Mulliken 电荷的总数, 如果为负数, 则表示电荷是从石墨烯迁移到分子上

墨烯和 D–石墨烯上总电荷密度分布的比较。如图 4.5(a) 所示, 当 CO
在 P–石墨烯体系上时, CO 分子和 P–石墨烯之间没有出现重叠电子轨
道。相反, 如图 4.5(b) 所示, CO 和 D–石墨烯体系的电荷分布是严重重
叠的, 这导致了更多的轨道混合和电荷迁移。当 CO 吸附于 B–石墨烯
和 N–石墨烯上时, 总电荷密度分布图 (没有在图中显示) 表明它们具有
与 P–石墨烯吸附 CO 相似的特征, 没有观察到电荷密度重叠的现象[9]。

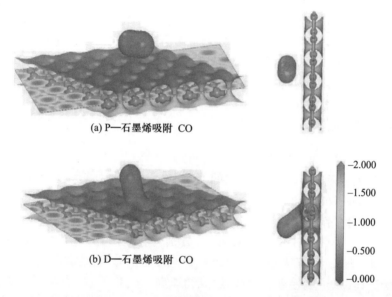

(a) P—石墨烯吸附 CO

(b) D—石墨烯吸附 CO

图 4.5　(a) P–石墨烯吸附 CO 后的总电荷密度。(b) D–石墨烯吸附 CO 后的总电荷
密度。(经授权引自 Y.-H. Zhang, Y.-B. Chen, K.-G. Zhou, C.-H. Liu, J. Zeng,
H.-L.Zhang, Y. Peng, *Nanotechnology* 20, 185504, 2009)

　　总电荷密度分析结果表明, CO 与 P–、N–和 B–石墨烯之间仅发生
了微弱的物理吸附作用, 而 D–石墨烯由于存在空穴, 可以为 CO 提供较
强的化学吸附键合位点[9]。CO 与 D–石墨烯之间严重的轨道重叠明显
地改变了石墨烯的电力学性质, Zhang 等[9] 指出, D–石墨烯比 P–、B–和
N–石墨烯更适合于检测 CO。

4.1.1.2　石墨烯吸附 NO

　　同样地, Zhang 等[9] 把 NO 分子以不同方向置于 4 种石墨烯晶面的
不同位置, 以便找出最佳吸附取向。NO 在不同石墨烯传感器中的最佳
取向与 CO 吸附于石墨烯传感器中的取向相似 (即氮原子的摆放位置

与 CO–石墨烯体系中碳原子的位置相似)[9]。唯一的例外出现在 N–石墨烯中。N–石墨烯传感器检测 CO 时, CO 分子中的碳原子离 N–石墨烯中的氮原子较近, 而 N–石墨烯传感器检测 NO 时, NO 分子中的氧原子离 N–石墨烯中的氮原子较近[9]。NO 吸附于 P–石墨烯上时释放的热量最少 (−0.30 eV), 分子–石墨烯晶片距离是 2.43 Å (图 4.4 中的 b1), 这说明 NO 是通过物理作用吸附于 P–石墨烯上[9]。该结果与碳纳米管吸附 NO 的研究结果相似[9,20−21]。对于 B–石墨烯, 硼与 NO 之间存在强烈的相互作用, 使得吸附能较大 (−1.07 eV), 并且形成了一个牢固的硼–氮键 (键的长度是 1.99 Å), 在硼–氮键形成过程中, 有 0.15|e| 的电荷从 NO 迁移至石墨烯晶面[9]。对于 N 石墨烯, 吸附能为 −0.40 eV, 分子–晶面之间的最近距离为 2.32 Å[9]。D–石墨烯与 NO 的亲和力最高, 具有 −3.04 eV 的吸附能, NO 与石墨烯晶面距离只有 1.34 Å (图 4.4 中的 b4), 表明发生了强烈的化学吸附[9]。

4.1.1.3   石墨烯吸附 NO$_2$

针对具有三角形分子结构的 NO$_2$, Zhang 等[9] 研究了它吸附于石墨烯晶面的各种不同取向[9]。该研究的目的是阐明 NO$_2$ 与不同类型石墨烯间的相互作用关系。与之前碳纳米管吸附 NO$_2$ 的研究方法相似[22], 他们主要研究了 3 种吸附取向[22], 分别为石墨烯晶面与氮原子端接触 (以 "硝基取向" 来表述), 与单氧原子端接触 (以 "亚硝酸取向" 来表述) 和与双氧原子端接触 (以 "环加成物取向" 表述)[9]。P–石墨烯上的 "环加成物取向" 方式提升了吸附能, 达到 −0.48 eV, 这比 "硝基取向" 吸附能 (−0.39 eV) 和 "亚硝酸取向" 吸附能 (−0.45 eV) 要高。该结果表明 "环加成物取向" 方式更有利于富电子氧原子与石墨烯上碳原子之间的相互作用[9]。同时, 他们发现有大量的电荷 (0.19|e|) 从石墨烯迁移到 NO$_2$ 上, 证实 NO$_2$ 在该体系中为电子受体。计算出的吸附能 (−0.48 eV) 与 NO$_2$ 吸附于碳纳米管上的物理吸附能的实测值 (−0.40 eV)[23] 以及理论计算值 (−0.50 eV) 非常接近[9,21]。在 B–石墨烯上, 硝基取向相比于其他取向而言具有更强的原子间相互作用。硼原子与氮原子之间的相互作用产生了很高的吸附能 (−1.37 eV), 并形成了牢固的硼–氮键 (键长为 1.67 Å), 同时伴随有 0.34|e| 的电荷从 B–石墨烯迁移到 NO$_2$ 上[9]。对于 N–石墨烯和 D–石墨烯, 硝基取向都是最佳取向 (其吸附能分别为 −0.98 eV 和 −3.04 eV)[9]。

4.1.1.4 石墨烯吸附 NH₃

相比于其他分子, NH₃ 的吸附机理更复杂, 不同的石墨烯具有不同的吸附取向。在 P-石墨烯上, NH₃ 分子中的 3 个氢原子指向石墨烯晶面的取向是最佳取向 (图 4.4 中的 d1), 其吸附能为 −0.11 eV[9]。该研究结果与之前关于 NH₃ 吸附于碳纳米管 (−0.14 eV) 和 NH₃ 吸附于石墨烯 (0 ∼ 0.17 eV) 的报道是一致的[10,13], 这表明 NH₃ 与 P-石墨烯之间存在较弱的相互作用[9]。在 B-石墨烯上, NH₃ 分子通过氮原子朝向石墨烯晶片的方式与硼原子连接, 吸附能达到 −0.50 eV, 硼–氮键长达到 1.66 Å (图 4.4 中的 d2)。N-石墨烯吸附 NH₃ 的取向与 P-石墨烯类似, 均是氢原子指向晶面[9]。但是, N-石墨烯吸附 NH₃ 时, NH₃ 中的氮原子位于 N-石墨烯的氮原子上方, 而 P-石墨烯吸附 NH₃ 时, NH₃ 中的氮原子位于六元环的中心上方[9]。

N-石墨烯吸附 NH₃ 时, 计算出来的吸附能为 −0.12 eV, 说明它们之间是物理吸附[9]。D-石墨烯吸附 NH₃ 的作用稍强一些, 吸附能为 −0.24 eV, 并且电荷迁移量较少[9]。B-石墨烯吸附 NH₃ 的能量 (−0.50 eV) 比其他 3 种石墨烯都高, 这可能是因为电子受体硼原子与 NH₃ 中的电子供体氮原子之间存在强烈的相互作用[9]。同时还发现, B-石墨烯在吸附 NH₃ 时, 出现了明显的变形 (图 4.4 中的 d2), 表明硼原子的位点由 sp^2 杂化转变成了 sp^3 杂化。硼–氮之间的距离 (1.66 Å) 与 BH₃NH₃ 中的硼–氮键长度 (1.6576 Å) 非常接近[9,24], 由此证明在 NH₃ 与 B-石墨烯之间形成了共价键。这种强烈的相互作用也体现在 B-石墨烯吸附 NH₃ 的总电荷密度方面, 此时电荷密度较高 (本书没有提供图示)。人们认为吸附分子和石墨烯之间的相互作用能够改变石墨烯的电子结构, 这可由石墨烯电导率的变化体现出来[9]。强烈的相互作用可能导致电导率发生显著变化, 这非常有利于检测应用[9]。计算结果表明, P-石墨烯与所有 4 种气体分子之间均为弱相互作用[9]。在石墨烯中引入掺杂剂和缺陷可以大幅提升分子–石墨烯的相互作用。Zhang 等[9] 在分析的基础上预测 B-和 D-石墨烯更适合于气体检测, 因为它们相比 P-和 N-石墨烯而言, 与 4 种小分子有更为强烈的相互作用。更为特别的是, Zhang 等指出, 在检测 CO、NO 和 NO₂ 时, D-石墨烯的灵敏度最高, 而 B-石墨烯最适合 NH₃ 的检测。

4.1.2　分子–石墨烯体系的态密度

为了验证小分子吸附对石墨烯电力学性质的影响, 人们计算了分子–石墨烯吸附体系的整体电子态密度, 在图 4.6 中列出了一些有代表性体系的态密度[9]。通过对吸附能的计算可以推断, 当 P–和 N–石墨烯吸附 CO 以及 N–石墨烯吸附 NH_3 时, 分子与石墨烯之间存在弱相互作用, 这种弱相互作用在它们的态密度曲线图中也非常明显 (图 4.6(a) ∼ 图 4.6(c)), 从这些图中可以看出, 发生吸附作用后, 态密度曲线图变化较小[9]。例如, P–和 B–石墨烯吸附 CO 的态密度分别与 P–和 B–石墨烯本身的态密度非常接近[9]。在 P–和 B–石墨烯体系中, CO 电子能级对态密度的贡献, 在价带中是 $-10.0 \sim -2.6$ eV, 在导带中是 2.5 eV, 这与费米能级相差很远[9]。

同样地, 在 N–石墨烯吸附 NH_3 时, NH_3 电子能级的贡献是 -2.3 eV (价带) 和 2.5 eV (导带), 这也与费米能级差得很远[9]。然而, 从图 4.6(d) ∼ 图 4.4(f) 可以看出, D–石墨烯吸附 CO、B–石墨烯吸附 NO 和 N–石墨烯吸附 NO_2 时, 它们的态密度都和与之对应的石墨烯的态密度显著不同, 这是因为分子–石墨烯之间存在着强烈的相互作用。比较而言, D–石墨烯态密度的峰值高于 P–石墨烯, 但也仅仅比费米能级略高[9]。这一峰值说明 D–石墨烯具有强烈的金属性, 相比于 P–石墨烯而言其电导率有明显提升[9]。

当 D–石墨烯化学吸附 CO 分子后, 该体系变得更像半导体, 态密度下降至接近费米能级[9]。与吸附能量值一致, 态密度的分析结果也表明 CO 与 D–石墨烯的相互作用比与原始石墨烯的相互作用更为强烈[9]。这种相互作用的提高可能是因为, 当有 CO 存在时, 有缺陷石墨烯的结构会发生重组[9]。值得注意的是, 当 CO 吸附于 D–石墨烯之上时, 会使得 D–石墨烯的能带向高能端偏移, 换句话说, 费米能级向低能端偏移[9]。B–石墨烯吸附 NO 使得费米能级之上的那部分区域态密度明显升高, 这也会导致电导率升高[9]。同时, 在吸附反应后费米能级会略向高能端偏移。采用硼作为掺杂剂时, 可在石墨烯中引入电子空穴, 这就产生了一种 p 型半导体[9]。当 B–石墨烯与富电子的 NO 分子接触时, 会有大量电荷转移至 B–石墨烯, 这显著提高了吸附 NO 后 B–石墨烯的电导率[9]。对于吸附了 NO_2 的 N–石墨烯, 强相互作用使得态密度在费米能级两侧附近显著增加。态密度的改变, 特别是费米能级附近态密度的改变, 有望引起相应电力学性质的显著改变[9]。因此, Zhang 等[9] 从图 4.6

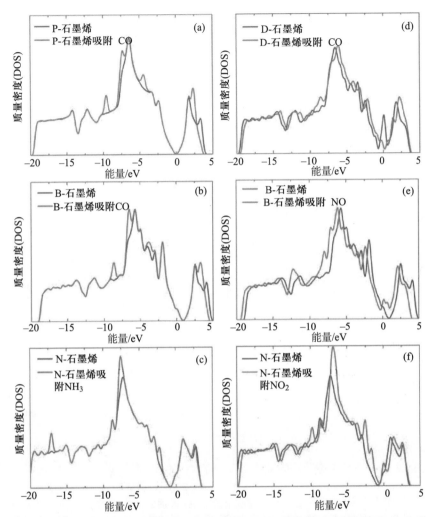

图 4.6 P–、B–、N–和 D–石墨烯的总电子态密度 (黑色曲线), 以及根据图 4.4 中的 a1、a2、d3、a4、b2 和 c3 中所示取向计算出的分子–石墨烯体系的总电子态密度 (红色曲线)。其中, 费米能级设置为 0。(经授权引自 Y.-H. Zhang, Y.-B. Chen, K.-G. Zhou, C.-H. Liu, J. Zeng, H.-L.Zhang, Y. Peng, *Nanotechnol.* 20, 185504, 2009)(彩色版本见彩图)

总结出, D–、B–和 N–石墨烯分别适合于 CO、NO 和 NO_2 的检测应用。

4.1.3 石墨烯吸附气体分子时的 *I–V* 曲线

Zhang 等[9] 采用 NEGF 法模拟了不同石墨烯的电子输运特性, 定量评估了石墨烯的气体检测性能。化学传感器的最简形式是电阻式传

感器, 其原理是检测吸附化学物质后传感器的阻值变化[9]。如图 4.7(a)
所示, 石墨烯基电阻传感器可由两个石墨烯电极接触一个石墨烯晶面
构成的模型来进行模拟。

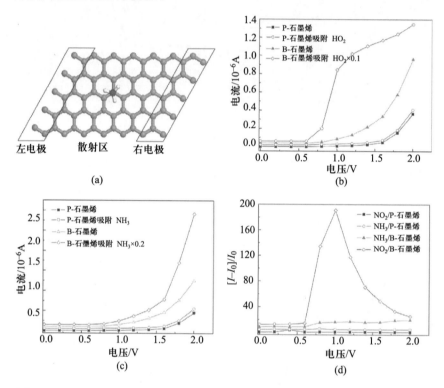

图 4.7　(a) 石墨烯基化学传感器检测小分子气体的示意图。(b) P–石墨烯、吸附了
NO_2 的 P–石墨烯、B–石墨烯以及吸附了 NO_2 的 B–石墨烯的 I–V 曲线比较。(c)
P–石墨烯吸附 NH_3 前后以及 B–石墨烯吸附 NH_3 前后的 I–V 曲线比较。(d) P–石墨
烯和 B–石墨烯的归一化 I–V 曲线。注意: 图 4.7(b) 和图 4.7(c) 中 I–V 曲线之间有
0.02×10^{-6} A 的偏移量, 图 4.7(d) 中的曲线也存在偏移量以便清晰观察。(经授权引
自 Y.-H. Zhang, Y.-B. Chen, K.-G. Zhou, C.-H. Liu, J. Zeng, H.-L. Zhang, Y. Peng,
Nanotechnol. 20, 185504, 2009)

Zhang 等[9] 针对这些石墨烯体系 (吸附不同气体分子前后) 计算得
到了一系列的电流电压曲线 (I–V 曲线)[9]。图 4.7(b) 和图 4.7(c) 分别展
示了 P–和 B–石墨烯吸附 NO_2 和 NH_3 前后的模拟 I–V 曲线。P–石墨
烯的 I–V 曲线显示出存在一种非线性特性。此外可以看到, B–石墨烯
的电导比 P–石墨烯高出 3 倍, 这是因为 B–石墨烯的空穴型载流子数有
所增加, 该现象证实了 Zhang 等[9] 之前在态密度分析方面的发现 (图

4.6(f))。一般来说, 石墨烯吸附 NO$_2$ 后会导致电导率略有升高[9], 而 B–石墨烯吸附 NO$_2$ 后, 却出现电导率急剧增加的现象, 这说明 B–石墨烯具有更高的灵敏度。在将相应石墨烯的内在电导率进行归一化处理后 (图 4.7(d)), 可以发现 B–石墨烯对 NO$_2$ 的灵敏度取决于偏置电压, 而且可以看到存在一个灵敏度较高的偏置窗口处于 0.8 和 1.2 V 之间[9]。当处于一个最优偏置电压 (1.0 V) 下时, B–石墨烯的灵敏度比 P–石墨烯的灵敏度高出近 2 个数量级 (图 4.7(d))。B–石墨烯对 NH$_3$ 的灵敏度要低于对 NO$_2$ 的灵敏度, 但当偏置电压高于 1.0 V 时, 其灵敏度仍比 P–石墨烯高 1 个数量级[9]。

4.1.4　实际应用中的问题

尽管理论计算结果表明, 掺杂的和有缺陷的石墨烯比原始石墨烯具有更高的检测灵敏度, 但要注意, 修饰后的石墨烯与某些分子之间具有强键合作用, 这可能会产生一些严重的缺点。比如, 强键合作用可能导致从掺杂和有缺陷石墨烯中解吸气体分子非常困难, 传感器可能要经历更长的恢复时间。Novoselov 等[2] 提出, 石墨烯传感器在 150℃ 真空退火或短时紫外线照射下处理 100 ∼ 150 s 后就可以恢复到初始状态, 但是如果吸附能显著升高, 就可能需要更长的恢复时间。按照传统的过渡态理论, 恢复时间 τ 的公式为

$$\tau = v_0^{-1} \mathrm{e}^{(-EB/K_BT)} \tag{4.2}$$

式中: T 是温度值; K_B 是玻耳兹曼常数; ν_0 是测试频率。当吸附能 E_{ad} 增加时, 会使恢复时间以指数级增加。Zhang 等[9] 估计, 在强键合作用的情况中 (如 D–石墨烯吸附 NO$_2$), 在 600 K 的温度下, 其恢复时间需要 1010 h, 这显然无法满足任何实际应用要求。

紫外线照射[9,25] 或电场[9,26] 可能有助于小分子从石墨烯表面解吸附, 该方法已用于清除碳纳米管或金属上的吸附物质。但是, 对于石墨烯传感器, 这些清洗方法的有效性尚未展开全面研究[9]。因此, 在新型清洗方法出现前, 石墨烯检测装置只能作为高度灵敏的非可逆型传感器使用, 而不能作为理想的可逆型传感器使用[9]。石墨烯基传感器仍然处于起步阶段, 在它能与当前使用的传感器抗衡之前, 还有很多研究工作需要开展[9]。为了开拓这一新型应用领域, 有必要充分研究小分子在石墨烯上的键合现象[9]。

4.2 石墨烯作为膜材料用于气体分离过程

Jiang 等[27] 指出, 石墨烯可以作为膜材料用于气体分离过程。气体膜分离技术由于能耗低, 使用者能够承担得起[28]。比如, 甲醇重整中普遍采用的工序是氢气提纯和生产, 此时需要把氢气从其他气体中分离出来[29]。已经开发出多种膜材料用于氢气分离, 包括硅膜、沸石膜、碳基膜和聚合物膜。这些膜的厚度从几十纳米到几个微米变化。因为膜的透过性与厚度成反比[30], 所以这些膜由于效率低、产量小而使用受限。石墨烯纳米晶片仅有一个原子厚度, 因而被认为是 "终极膜"。探究分子和原子在这种真正意义上的二维膜中的传输过程, 不仅非常有趣, 而且具有很多实用价值, 例如, 它们可作为燃料电池中的质子交换膜, 也可用作化学传感器的气体分离膜, 从而提高传感器的灵敏度, 还可用于工厂或发电厂废气的 CO_2 分离等。

然而, 完美的石墨烯晶面就连氦气也无法通过[31]。这是因为石墨烯结构中芳香环的电子密度很高, 足以排斥任何试图穿过六元环的原子和分子。因此, 为了实现气体的渗透, 需要在石墨烯晶面上钻孔。最近, 有人采用透射电镜电子束在悬浮的石墨烯晶面上钻出紧密排列的纳米孔[32]。另外, 分子模块也被用于构建多孔的二维晶片[33]。随着这些技术的进步, 极有可能在石墨烯晶面上钻出有序的亚纳米孔, 而具有这种孔的石墨烯晶面, 在未来可作为二维分子筛膜用于气体分离过程。

Sin 等[34] 利用经典分子动力学 (molecular dynamics, MD) 模拟法研究了溶剂化离子 (如 Na^+、K^+、Cl^- 和 Br^-) 在外部电场的驱动下通过石墨烯纳米孔的扩散速率。这些研究彰显了利用石墨烯作为离子分离膜的可行性, 因为研究人员已经能模拟出对阴离子和阳离子具有选择性的孔。根据 Sin 等[34] 的研究, 石墨烯晶面上的电荷以及这些电荷对穿过石墨烯的分子或离子的响应情况在经典分子动力学模拟过程中无法直接掌控, 但在第一性原理密度泛函理论构架下可以自发地得到解释。尤为重要的是, 气体分离对于化学工业十分关键, 先进的气体分离方法有助于节省能源。在此之前, 没有人针对石墨烯分离气体的过程开展过研究。就目前所知, Jiang 等[27] 是率先证实多孔石墨烯晶面对于分子气体 (氢气、氦气) 具有膜分离能力的人, 他们在石墨烯晶面上设计了亚纳米尺寸的孔, 并且利用第一性原理建立了气体分子的选择性扩散模型。

此后, Jiang 等[27] 采用基于平面波的密度泛函理论计算方法及周期边界条件, 研究了势能面 (potential energy surface, PES) 以及氢气和甲烷分子穿过石墨烯晶面上亚纳米孔时的动力学。Jiang 等[27] 既采用广义梯度近似法 (generalized gradient approximation, GGA) 中的 Perdew、Burke 和 Erzenhoff (PBE14) 函数形式, 又采用可进行互换和关联的 Rutger–Chalmers 范德华密度函数 (van der Waals density functional, vdW–DF) 开展了初始静力学计算[35–36]。中性和非极性分子 (如 H_2 和 CH_4) 与石墨烯晶面的芳香环之间的色散作用非常关键。因此, Jiang 等[27] 利用 vdW–DF 泛函评估了这些相互作用的大小。vdW–DF 泛函已在大量体系中经过了深入验证[37], 包括小分子在石墨烯晶面上的物理吸附过程以及 H_2 在金属-有机物框架材料内的吸附过程[40]。Jiang 等[27] 还将 vdW–DF15 泛函用于 ABINIT[41] 平面波修订版本, 其中采用了模守恒赝势, 并将平面波动能截止点设为 680 eV。此外, 在用于模拟多孔石墨烯的大型晶胞中, 仅使用 Γ 点来用于布里渊区采样。

　　Jiang 等[27] 在冻结芯近似法中使用 Vienna ab initio 仿真工具包[42–43] 和全电子投射增强波法[44–45] 开展了第一性原理分子动力学 (FPMD) 模拟, 从而描述了电子-原子核的相互作用, 该过程中的动能截止点较低 (此处为 300 eV)[45–46]。对于 FPMD 仿真, H_2 和 CH_4 分子被放置于一个六角形晶胞内, 其中多孔石墨烯位于 ab 平面内, c 轴尺度为 12 Å。在 600 K 的温度下, 以 1 fs 为时间步长, 进行了恒温模拟。图 4.8(a) 展示了一个对 H_2/CH_4 具有高度选择性的孔的形成过程。Jiang 等[27] 首先从具有 6×6 的六角晶格石墨烯晶面上移除 2 个相邻的六元环, 根据 PBE 计算优化后的石墨烯晶格参数 (2.45 Å), 每个六角晶格的周长为 1.47 nm (图 4.8(b))。接下来, 再用氢原子钝化 4 个不饱和碳原子; 剩余的 4 个碳原子用氮原子取代 (图 4.8(a))。

　　图 4.9 为石墨烯孔上的等电子密度面, 此处电子密度较低, 仅为 0.02 $e/Å^3$。这个孔近似于矩形, 尺寸约为 3.0 × 3.8 Å。显然, 在实验室中制作出具有如此孔状结构的石墨烯是非常具有挑战性的。Jiang 等[27] 在其实验成果的基础上提出了两个颇具前景的方法。在第一种方法中, Jiang 等[27] 使用电子束在石墨烯晶面打孔[32], 然后用掺杂有 NH_3 的 N_2 来钝化不饱和键[46]。在第二种方法中, Jiang 等[27] 合成一个基础模块 (类似于图 4.8(b) 虚线内某个基元), 然后用基础模块组成多孔石墨烯晶面。曾有人使用对苯二腈制成的基础模块制备出了一个二维框架[33]。使用此法制备出的多孔材料含有直径为 1.5 nm 的通道, 孔的边缘由很多吡啶氮原子构成[33]。虽然这种方法还需要改进才能制备出有序、尺寸合适

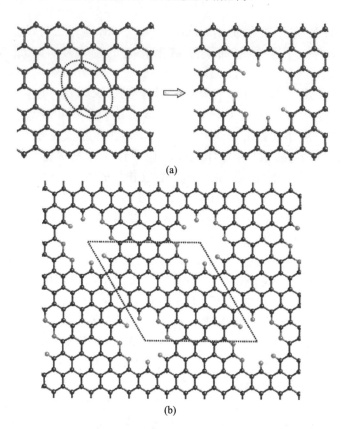

图 4.8　(a) 在石墨烯晶面内形成氮功能化小孔: 在虚线圆圈中的碳原子被移走, 4 个不饱和键用氢原子来饱和; 其余 4 个不饱和键及其相连碳原子都用氮原子取代。(b) 六角形有序多孔石墨烯。虚线代表的是多孔石墨烯的晶胞。碳原子, 黑色表示; 氮原子, 绿色表示; 氢原子, 青绿色表示。(经授权引自 D. Jiang, V.R. Cooper, S. Dai, *Nano Lett.* 9, 4019-4024, 2009)(彩色版本见彩图)

的小孔, 但这确实是制备如图 4.8 所示的多孔石墨烯材料的潜在方法。

Jiang 等[27] 检测了将 H_2 放置于孔中心的几种吸附取向。利用 PBE 计算得出的能量数据显示, 当 H_2 的键轴指向钝化的氢原子时, 无论采取朝向面外的方式还是朝向面内的方式, 均存在微弱的相互排斥力, 而当 H_2 的键轴指向氮原子时, 采取朝向面内的方式则存在微弱的相互吸引力 (Jiang 等[27] 把这种取向用 $XYZH_2$ 表示; 见图 4.10 中的内插图)。采用 vdW–DF 泛函来计算时, 这 3 种朝向方式也可得出相同的能量级数。Jiang 等[27] 把 H_2 在 $XYZH_2$ 取向中存在的相互作用归因于 H_2 与氮原子之间的吸引力。

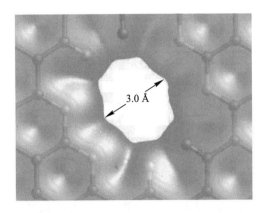

图 4.9 氮功能化多孔石墨烯小孔上的等电子密度面 (等电点值为 0.02 e/Å³)。(经授权引自 D. Jiang, V.R. Cooper, S. Dai, *Nano Lett.* 9, 4019-4024, 2009)

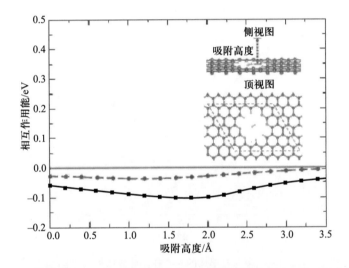

图 4.10 H_2 与氮功能化多孔石墨烯的相互作用能随吸附高度的变化。图中内插图为吸附高度的绝对值以及 H_2 在孔中的朝向。正方形实线表示 vdW–DF 泛函计算的结果; 圆圈虚线表示 PBE 泛函计算的结果。(经授权引自 D. Jiang, V.R. Cooper, S. Dai, *Nano Lett.* 9, 4019-4024, 2009)

之后, Jiang 等[27] 研究了从垂直于石墨烯平面的 $XYZH_2$ 位置取代 H_2 时的势能面。图 4.10 为根据 PBE 泛函和 vdW–DF 泛函计算出的势能面。从两种方法的计算结果均可看出, 对于 H_2 从石墨烯晶面孔隙移入和移出过程, 势能面的变化相对较平坦 (PBE 泛函和 vdW–DF 泛函的势垒分别为 0.025 eV 和 0.04 eV)。包括范德华作用力导致的偏移量在内, PBE 泛函计算出的势能低了大约 0.05 eV, 虽然这种降低量并不均匀。vdW–DF 泛函显示, 当 H_2 处于石墨烯晶面孔隙之上约 1.6 Å 处时, 其相互作用力最强。值得注意的是, 实际吸附高度可能要低 $0.25 \sim 0.35$ Å, 因为 vdW–DF 泛函在室温下会高估色散距离[47], 此时等同于 0.025 eV 的能量。因此, Jiang 等[27] 估计, H_2 分子有可能克服势垒, 从而穿过石墨烯晶面上的孔隙。观察到的结果与 "H_2 的动力学半径 (2.89 Å) 小于孔的宽度 (3.0 Å)" 这一事实一致。

为了考察石墨烯上孔隙扩散分离 H_2 和 CH_4 的选择性, Jiang 等[27] 研究了 CH_4 通过孔隙的势能面。与 H_2 的计算方法相似, Jiang 等[27] 研究了 CH_4 吸附于孔隙中心的几种取向方式, 发现最稳定的取向是 CH_4 中的 4 个氢原子指向矩形孔隙的 4 个角 (见图 4.11 中的内插图)。

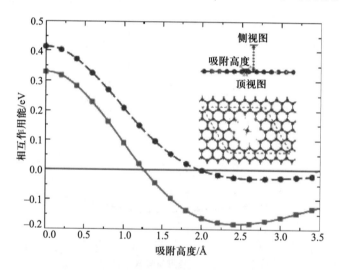

图 4.11　CH_4 与氮功能化多孔石墨烯的相互作用能随吸附高度的变化。内插图为吸附高度的绝对值和 CH_4 在孔中的取向。方形实线表示 vdW–DF 泛函算出的结果; 圆圈虚线表示 PBE 泛函算出的结果。(经授权引自 D. Jiang, V.R. Cooper, S. Dai, *Nano Lett.* 9, 4019-4024, 2009)

在这种取向方式中, PBE 泛函得出的排斥作用力为 0.41 eV, vdW–DF 泛函得出的排斥作用略小, 为 0.33 eV。CH_4 放置于石墨烯孔隙上的势能面计算结果显示, PBE 泛函和 vdW–DF 泛函计算出的排斥作用力均呈抛物线下降, 在大约 1 Å 处有一个转折点, 之后在较大的色散距离处形成一个较浅的吸引力波谷区。vdW–DF 泛函得出的吸引力波谷区较深, 在约 2.5 Å 处达到 -0.18 eV; PBE 泛函得到的吸引力波谷区, 在约

2.75 Å 处达到 −0.03 eV。将 PBE 泛函获得的曲线平均下移 0.1 eV, 使之抵消范德华作用力, 可以认为 PBE 泛函与 vdW–DF 泛函所获得的曲线形状基本相同。这种势垒的存在也证实了 "CH$_4$ 相比于孔隙的宽度而言具有较大的动力学半径 (3.8 Å)"。根据分子扩散势垒, 极易估计出石墨烯晶面孔隙对 H$_2$/CH$_4$ 的选择性。与传统的 H$_2$ 分离膜 (如硅膜和聚合物膜, 其选择性是扩散系数和溶解度的乘积) 相比, 溶解度和自由体积的概念并不适用于只有一个原子厚度的石墨烯膜。对于石墨烯膜, 仅需采用扩散率这个参数就可以确定气体分子穿过孔隙的选择性。假设扩散速率符合阿伦尼乌斯速率方程, 且 H$_2$ 和 CH$_4$ 的指前因子具有相同的数量级, 采用 vdW–DF 泛函得出的 H$_2$ 和 CH$_4$ 的扩散势垒分别为 0.04 eV 和 0.51 eV, 因而可以得出 H$_2$/CH$_4$ 的选择性系数为 10^8。这是一个非常高的选择性系数, 因为硅膜和聚合物膜对 H$_2$/CH$_4$ 的选择性系数通常只有 $10 \sim 10^3$。

虽然金属膜与 Jiang 等[2] 研制的多孔石墨烯膜一样, 具有较高的选择性系数 (因为氢分子在金属膜表面会发生解离现象, 这会加速氢原子的扩散[29]), 但它们并不实用, 因为金属膜价格昂贵, 且易受到氢诱导降解作用的影响。H$_2$ 通过石墨烯晶面孔隙时, 具有较低的扩散势垒, 这使我们能够通过分子动力学模拟法来观测到整个通过过程。

考虑到在计算 H$_2$ 与小孔相互作用的势能面时, PBE 泛函和 vdW–DF 泛函可以得到相似的结果, 而如果采用 vdW–DF 泛函, 则必须引入一个分子动力学模拟代码, 所以 Jiang 等[27] 采用了 PBE 泛函来进行分子动力学模拟。Jiang 等[27] 还在 600 K 的温度下进行了网络虚拟终端模拟。Jiang 等[27] 选择较高的温度是为了加快分子动力学进程, 从而能在一个合理的模拟时间内观测到分子通过的过程。在一个 36 ps 的操作过程中, Jiang 等[27] 观测到 H$_2$ 以每皮秒 0.1 个分子的速率通过石墨烯晶面孔隙。这个速率相对较高, 这反映出 H$_2$ 通过石墨烯晶面孔隙时具有相对较低的能量势垒, 正如 PES 曲线所显示的那样。图 4.12 为 H$_2$ 穿过石墨烯的快照。在第 244 ps, H$_2$ 分子进入到石墨烯晶面孔隙的 XYZH$_2$ 位置 (这一位置是前文所述采用几何优化方法提出来的), 在这个位置上持续了约 180 ps 的时间, 在第 424 fs, H$_2$ 分子开始从孔中扩散出去。

Jiang 等[27] 也针对 CH$_4$ 分子进行了相似的分子动力学模拟[27], 但在同样的时间条件下, 没有观测到 CH$_4$ 通过石墨烯晶面孔隙的现象。因此, 分子动力学模拟进一步证明多孔石墨烯材料对于 H$_2$/CH$_4$ 具有选择透过性。Jiang 等[27] 使用分子动力学模拟 H$_2$ 通过石墨烯晶面孔隙的

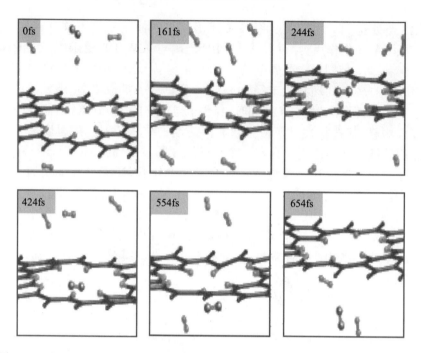

图 4.12 在 600 K 温度下, 采用第一性原理分子动力学模拟获得的 H_2 通过氮功能化孔的快照。用暗灰色来表示通过的 H_2。(经授权引自 D. Jiang, V.R. Cooper, S. Dai, *Nano Lett.* 9, 4019-4024, 2009)

过程, 对 H_2 通过多孔石墨烯膜的通量给出了一个粗略的估算值。对模拟时间内 (36 ps) 通过的分子总数进行平均, 再结合膜的面积 (187 Å^2), 所得通量为 10 mol·cm^{-2}·s^{-1}。假设石墨烯膜的压降为 1 bar, 则 H_2 的透过系数为 1 mol·m^{-2}·s^{-1}·Pa^{-1}。如果考虑到使用 PBE 泛函所计算得到的势垒会被低估约 0.015 eV, 则该透过系数可能为实际值的 1/1.3 (在 600 K 的温度下)。比较而言, 一个 30 nm 厚的硅膜, 对 H_2 的透过系数为 5×10^{-7} mol·m^{-2}·s^{-1}·Pa^{-1} (在 673 K 的温度下)[27], 一个同样厚度的硅-铝膜, H_2 的透过系数为 $(2 \sim 3) \times 10^{-7}$ mol·m^{-2}·s^{-1}·Pa^{-1} (在 873 K 的温度下)[27]。聚合物膜比氧化物膜的透过系数更低。Jiang 等[27] 把多孔石墨烯材料的高透过系数归因于它只有一个原子的厚度, 因为膜的透过系数与膜的厚度成反比[30]。

　　孔对 H_2/CH_4 的高度选择性取决于对孔径的精确控制, 这又取决于孔是如何制备的以及不饱和键是如何钝化的。图 4.8 指出了氮原子和氢原子的最佳放置方式, 此时可能需要通过自下而上的有机合成法来完成该过程, 因为通过电子束打孔之后再用 NH_3 处理的方法无法提供如此高精度的控制。为了解决在氮原子功能化的同时还能保持较高 H_2/CH_4 选择性的难题, 需要制备出所有氢原子都被钝化的孔隙, 如图 4.13 所示。在这种情况下, 需用氢原子饱和 8 个不饱和的 σ 键, 而不是用氮原子取代 4 个碳原子。由于加入了额外的氢原子, 孔隙的宽度缩小至 2.5 Å, 而孔隙的长度仍然保持在 3.8 Å (图 4.13(b))。小孔径对扩散势垒确实存在影响: Jiang 等[27] 发现, 使用 vdW–DF 泛函得出的 H_2 和 CH_4 的势垒分别增加到 0.22 eV 和 1.60 eV (分别见图 4.14 和图 4.15)[27]。由于 H_2/CH_4 的选择性表述为两种扩散势垒之比, 因此相比于氮功能化小孔, 在全氢钝化的孔隙中, CH_4 的扩散势能大幅度上升, 同时 H_2 扩散势能只发生少量变化, 这导致 H_2/CH_4 的选择性急剧增加。此时如果再使用阿伦尼乌斯方程来进行估算, 这种新型孔隙在室温条件下, 对 H_2/CH_4 的选择性约为 10^{23}。

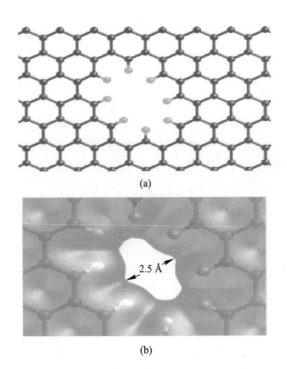

(a)

(b)

图 4.13　(a) 石墨烯晶面上的一个所有氢都被钝化的孔隙。(b) 孔隙上等电子密度面, 其中等电点为 0.02 e/Å^3。(经授权引自 D. Jiang, V.R. Cooper, S. Dai, *Nano Lett.* 9, 4019-4024, 2009)

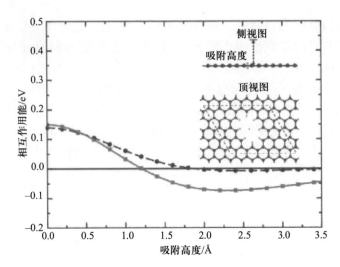

图 4.14　H_2 和全氢钝化多孔石墨烯之间的相互作用能随吸附高度的变化。内插图为吸附高度的绝对值以及 H_2 在小孔中的取向。方形实线表示 vdW–DF 泛函计算的结果; 圆圈虚线表示 PBE 泛函计算的结果。(经授权引自 D. Jiang, V.R. Cooper, S. Dai, *Nano Lett.* 9, 4019-4024, 2009)

　　H_2 穿过孔隙的势垒为 0.22 eV, 这即使是在室温环境下也很容易克服。假设指前因子大约为 10^{13} s^{-1}, Jiang 等[27] 估计, 在室温环境下 H_2 的通过频率为每秒 10^9 个分子[27]。由于这种全氢孔隙相比氮功能化孔隙具有更简单的化学结构, 所以更有希望应用于从 CH_4 中分离 H_2。不存在不饱和键以及常温下 H_2/CH_4 分离过程无化学反应这种事实表明, 多孔石墨烯膜在气体分离过程中是稳定的。

　　多孔石墨烯膜像其他气体分离膜一样, 易受大孔径缺陷导致的短路的影响。为了评估这种影响, Jiang 等[27] 首先测试了两种大孔径, 以便确定在何种孔径下会失去 H_2/CH_4 的选择性。Jiang 等[27] 使用 DFT–PBE 泛函计算后发现, H_2 能够毫无障碍地通过两种大孔 (本书未展示该过程), 而 CH_4 的扩散势垒在中等孔径 (宽度为 3.8 Å) 时, 降低到可以忽略的 0.02 eV, 而在大孔径 (宽度为 5.0 Å) 时降为 0。对于大于 3.8 Å (这差不多是 CH_4 的动力学半径) 的孔隙, H_2/CH_4 都能毫无障碍地扩散通过。

　　Jiang 等[27] 研究了大孔缺陷浓度对石墨烯膜的选择性的影响, 首先假设了一个只有两个孔隙的简易模型, 其中小孔隙对 H_2/CH_4 具有很高的选择性, 而大孔隙可以允许两种气体无障碍地通过。Jiang 等[27] 发现, 在给定温度下, 对于设定的选择性 (本书未展示该结果), 存在一个大孔缺

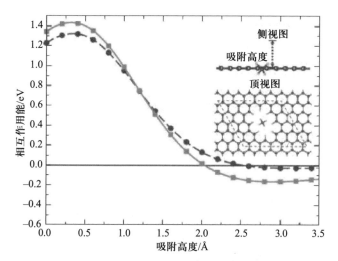

图 4.15 CH$_4$ 与全氢钝化多孔石墨烯之间的相互作用能随吸附高度的变化。内插图
显示了吸附高度绝对值以及 CH$_4$ 在孔中的取向。方形实线表示 vdW–DF 泛函计算的
结果; 圆圈虚线表示 PBE 泛函计算的结果。(经授权引自 D. Jiang, V.R. Cooper, S.
Dai, *Nano Lett.* 9, 4019-4024, 2009)

陷的临界浓度。此外, 升高温度能够抑制缺陷的影响 (本书未展示该结
果)。该项研究对了解多孔石墨烯膜的气体分离能力非常有用, 尽管目
前多孔石墨烯的制造技术尚不完善。分离小分子气体时, 与目标分子动
力学半径有关的孔隙的宽度是其关键参数。虽然图 4.9 和图 4.13 所示
的两种孔隙具有相似的结构, 但具有不同的宽度 (一个为 2.5 Å, 另一个
为 3.0 Å), 因而在从 CH$_4$ (动力学半径为 3.8 Å) 中分离 H$_2$ (动力学半径
为 2.9 Å) 的过程中表现出明显的性能差异。根据以上计算结果, Jiang
等[27] 总结出, 在指定的气体分离过程中, 其设计原则是将石墨烯膜中
孔的尺寸做成接近或略小于混合气体中较小分子的尺寸。为了能够调
节孔隙的尺寸, 可以在孔隙的边缘加入不同的钝化成分 (如氢原子和氮
原子)。在石墨烯膜上制作亚纳米尺寸的孔确实具有挑战性, 因为目前
能在实验室中制作出来的最小孔隙的尺寸仍是几纳米的范围[32−33], 但
Jiang 等[27] 希望他们的工作能够激发科学家们应对这一挑战。

参考文献

[1] G. Lu, L.E. Ocola, J. Chen, Reduced graphene oxide for roomtemperature gas sensors, *Nanotechnol.* 20, 445502 (2009).

[2] F. Schedin, A.K. Geim, S.V. Morozov, E.W. Hill, P. Blake, M.I.Katsnelson, K.S. Novoselov, Detection of individual gas mol-ecules adsorbed on graphene, *Nat. Mater.* 6, 652-655 (2007).

[3] J.T. Robinson, F.K. Perkins, E.S. Snow, Z.Q. Wei, P.E. Sheehan,Reduced graphene oxide molecular sensors, *Nano Lett.* 8, 3137-3140 (2008).

[4] G.H. Lu, K.L. Huebner, L.E. Ocola, M. Gajdardziska-Josifovska J.H. Chen, Gas sensors based on tin-oxide nanoparticles synthesized from a mini-arc plasma source, *J. Nanomater.* 2006, 60828 (2006).

[5] G.H. Lu, L.E. Ocola, J.H. Chen, Room-temperature gas sensing based on electron transfer between discrete tin oxide nano-crystals and multiwalled carbon nanotubes, *Adv. Mater.* 21, 2487-2491 (2009).

[6] I. Jung, D. Dikin, S. Park, W. Cai, S.L. Mielke, R.S. Ruoff, Effect water vapor on electrical properties of individual reduced graphene oxide sheets, *J. Phys. Chem. C* 112, 20264-20268 (2008).

[7] O. Leenaerts, B. Partoens, F.M. Peeters, Adsorption of H_2O, NH_3, CO, NO_2 and NO on graphene: A first-principles study, *Phys. Rev. B* 77, 125416 (2008).

[8] N. Peng, Q. Zhang, C.L. Chow, O.K. Tan, N. Marzari, Sensing mechanisms for carbon nanotube based NH_3 gas detection, *Nano Lett.* 9, 1626-1630 (2009).

[9] Y.-H. Zhang, Y.-B. Chen, K.-G. Zhou, C.-H. Liu, J. Zeng, H.L.Zhang, Y. Peng, Improving gas sensing properties of graphene by introducing dopants and defects: A first-principles study, *Nanotecbnology* 20, 185504 (2009).

[10] L. Bai, Z. Zhou, Computational study of B- or N-doped single walled carbon nanotubes as NH_3 and NO_2 sensors, *Carbon*, 2105-2110 (2007).

[11] S.B. Fagan, A.G.S. Filho, J.O.G. Lima, J.M. Filho, O.E Ferreira, Mazali, O.L. Alves, M. Dresselhaus, 1,2-Dichlorobenzene interating with carbon nanotubes, *Nano Lett.* 4, 1285-1288 (2004).

[12] Y. Zhang, D. Zhang, C. Liu, Novel chemical sensor for cyanides: Boron-doped carbon nanotubes. *J. Phys. Chem. B* 110, 4671-4 (2006).

[13] W. Charles, J. Bauschlicher, A. Ricca, Binding of NH_3 to graphite and to a (9, 0) carbon nanotube, *Phys. Rev. B* 70, 115409 (2004).

[14] V. Mihnan, B. Winkler, J.A. White, CJ. Pickard, M.C. Payne, E.V.Akhmatskaya, R.H. Nobes, Electronic structure, properties and phase stability of inorganic crystals: The pseudopotential plane-wave approach, *Int. J. Quantum Chem.* 77, 895-910 (2000).

[15] J. Taylor, H. Guo, J. Wang, Ab initio modeling of quantum transport prop-

erties of molecular electronic devices, *Phys. Rev. B* 63, 245407 (2001).

[16] M. Brandbyge, J.-L. Mozos, P. Ordejon, J. Taylor, K. Stokbro, Density functional method for non-equilibrium electron transport, *Phys. Rev. B* 65, 165401 (2002).

[17] J.M. Soler, E. Artacho, J.D. Gale, A. Garcla, J. Junquera,P. Ordejon, D. Sanchez-Portal, The SIESTA method for ab initio order-N materials simulation, *J. Phys.: Condens. Matter* 14, 2745 (2002).

[18] M. Brandbyge, N. Kobayashi, M. Tsukada, Conduction channels at finite bias in single-atom gold contacts, *Phys. Rev. B* 6017064 (1999).

[19] S. Peng, K. Cho, Ab initio study of doped carbon nanotube sensor, *Nano Lett.* 3, 513-517 (2003).

[20] R. Wang, D. Zhang, W. Sun, Z. Han, C. Liu, A novel aluminum doped carbon nanotube sensor for carbon monoxide, *J. Mol.Struct.: Theochem.* 806, 93-97 (2007).

[21] S. Peng, K. Cho, P. Qi, H. Dai, Ab initio study of CNT NO_2 sensor, *Chem. Phys. Lett.* 387, 271-276 (2004).

[22] W.L. Yim, X.G. Gong, Z.F. Liu, Chemisorption of NO_2 on carbon nanombes, *J. Phys. Chem. B* 107, 9363 (2003).

[23] P. Sjovall, S.K. So, B. Kasemo, R. Franchy, W. Ho, NO_2 adsorption on graphite at 90K, *Chem. Phys. Lett.* 172, 125-130 (1990).

[24] D.A. Dixon, M. Gutowski, Thermodynamic properties of molecular borane amines and the [BH4−][NH4+] salt for chemical hydrogen storage systems from ab-initio electronic structure theory, *J. Phys. Chem. A* 109, 5129-5135 (2005).

[25] R. Chen, N. Franklin, J. Kong, J. Cao, T. Tombler, Y. Zhang, H. Dai, Molecular photodesorption from single-walled carbon nanotubes, *Appl. Phys. Lett.* 79, 2258 (2001).

[26] M.P. Hyman, J.W. Medlin, Theoretical study of the adsorption and dissociation of oxygen on Pt in the presence of homogeneous electric fields, *J. Phys. Chem. B* 109, 6304-6310 (2005).

[27] D. Jiang, V.R. Cooper, S. Dai, Porous graphene as ultimate membrane for gas separation, *Nano Lett.* 9, 4019-4024 (2009).

[28] M. Freemantle, Advanced organic and inorganic materials being developed for separations offer cost benefits for environmental and energy-related processes, *Chem. Eng. News* 83, 49-57 (2005)

[29] N.W. Ockwig, T.M. Nenoff, Membranes for hydrogen separation, *Chem. Rev.* 107, 4078-4110 (2009).

[30] S.T. Oyama, D. Lee, P. Hacarlioglu, R.E Saraf, Theory of hydrogen permeability in nonporous silica membranes, *J.Membr.Sci* 244,45-53(2004).

[31] J.S. Bunch, S.S. Verbridge, J.S. Alden, A.M. Van der Zande, J.M.Parpia, H.G. Craighead, P.L. McEuen, Impermeable atomic membranes from graphene sheets, *Nano Lett.* 8, 2458-2462 (2008).

[32] M.D. Fischbein, M. Drndic, Electron beam nanosculpting of suspended graphene sheets, *Appl. Phys. Lett.* 93, 113107 (2008).

[33] P. Kuhn, A. Forget, D.S. Su, A. Thomas, M. Antonietti, From microporous regular frameworks to mesoporous materials with ultrahigh surface area: Dynamic reorganization of porous polymer networks, *J. Am. Chem. Soc.* 130, 13333-13337 (2008).

[34] K. Sint, B. Wang, P. Kral, Selective ion passage through graphene nanopores, *J. Am. Chem. Soc.* 130, 16448-16449 (2008).

[35] T. Thonhauser, V.R. Cooper, S. Li, A. Puzder, P. Hyldgaard, Langreth, van der Waals density functional: Self-consistent potential and the nature of van der Waals bond, *Phys. Rev. B* 76, 125112 (2007).

[36] M. Dion, H. Rydberg, E. Schroder, D.C. Langreth, B.I. Lundqvist Van der Waals density functional for general geometries, *Phys. Rev. Lett.* 92, 246401 (2004).

[37] D.C. Langreth, B.I. Lundqvist, S.D. Chakarova-Kack, V.R. Cooper, M. Dion, P. Hyldgaard, A. Kelkkanen, J. Kleis, L.Z. Kong, S. Li, P.G. Moses, E. Murray, A. Puzder, H. Rydberg, E. Schroder, T. Thonhauser, A density functional for sparse matter, *J. Phys. Condens. Matter* 21, 084203 (2009).

[38] S.D. Chakarova-Kack, Q. Borck, E. Schroder, B.I. Lundqvist, Adsorption of phenol on graphite (001) and α-Al_2O_3: Nature van der Waals bonds from first principle calculation, *Phys. Rev B* 74, 155402 (2006).

[39] S.D. Chakarova-Kack, E. Schroder, B.I. Lundqvist, D.C. Langrei, Application of van der Waals density functional to an extend system: Adsorption of benzene and naphthalene on graphite, *Phys. Rev. Lett.* 96, 146107 (2006).

[40] L. Kong, V.R. Cooper, N. Nijem, K. Li, J. Li, Y.J. Chabal, D.C. Langreth, Theoretical and experimental analysis of H_2 binding in a prototypical metal-organic framework material, *Phys. Rev. B* 79, 081407(R) (2009).

[41] X. Gonze, J.-M. Beuken, R. Caracas, E Detraux, M. Fuchs, G.M. Rignanese,

L. Sindic, M. Verstraete, G. Zerah, F. Jollet, M. Torrent, A. Roy, M. Mikami, P. Ghosez, J.Y. Rat, D.C. Allan, First principles computation of material properties: The ABNIT software project, *Comput. Mater. Sci.* 25, 478-492 (2002).

[42] G. Kresse, J. Furthmuller, Efficient iterative schemes for ab initio total-energy calculations using a plane wave basis set, *Phys. Rev. B* 54, 11169-11186 (1996).

[43] G. Kresse, J. Furthmuller, Efficiency of ab-initio total energy calculations for metals and semiconductor using a plane wave basis set, *Comput. Mater. Sci.* 6, 15-50 (1996).

[44] P.E. Blochl, Projector augmented-wave method, *Phys. Rev. B* 50, 17953-17979 (1994).

[45] G. Kresse, D. Joubert, From ultrasoft pseudopotentials to the projector augumented wave method, *Phys. Rev. B* 59, 1758-1775 (1999).

[46] X.R. Wang, X.L. Li, L. Zhang, Y. Yoon, P.K. Weber, H.L. Wang,J. Guo, H.J. Dai, N-doping of graphene through electrothermal reactions with ammonia, *Science* 324, 768-771 (2009).

[47] A. Puzder, M. Dion, D.C. Langreth, Binding energy in benzene dinnners: Nonlocal density functional calculations, *J. Chem.Phys.* 124, 164105 (2006).

第 5 章

石墨烯基材料在生物传感及储能方面的应用

5.1 石墨烯基电化学生物传感器

石墨烯具有良好的电化学性能, 是一种颇具前景的用于电力学分析的电极材料[1-2]。到目前为止, 有多份研究报告证实石墨烯基电化学传感器可用于各种各样的生物分析和环境分析领域[3-6]。

5.1.1 石墨烯基酶生物传感器

研究发现, 石墨烯对 H_2O_2 有很高的电催化活性, 此外, 它为葡萄糖氧化酶 (glucose oxidase, GOD) 的直接电化学反应提供了一个很好的平台。因此, 石墨烯可以作为一种优异的电极材料用于氧化酶生物传感器。关于石墨烯基葡萄糖生物传感器的研究有大量的文献报道[3-9]。Shan 等人[3] 报道了首个采用石墨烯/聚乙烯亚胺功能化离子液体纳米复合材料修饰电极的石墨烯基葡萄糖生物传感器, 它表现出了较宽的葡萄糖线性响应范围 ($2\sim14\,mmol\cdot L^{-1}$)、良好的再现性 (在 $-0.5\,V$ 的电压下连续测量 10 次, $6\,mmol\cdot L^{-1}$ 葡萄糖的电流响应相对标准偏差为 3.2%) 和高稳定性 (1 周后响应电流为 $+4.9\%$)[3]。

基于化学还原氧化石墨烯 (chemically reduced graphene oxide, CRGO) 的葡萄糖生物传感器也已由 Zhou 等人开发出来[10]。这种生物传感器在一个较宽的线性响应范围内 ($0.01\sim10\,mmol\cdot L^{-1}$) 能显著增强葡萄糖的安培信号, 并具有高灵敏度 ($20.21\,\mu A\cdot mmol\cdot L^{-1}\cdot cm^{-2}$) 和较低的检出

限 $2.0 \ mmol \cdot L^{-1}$ (S/N=3)。在石墨烯基电极上, 葡萄糖检测的线性范围比其他碳材料如碳纳米管 (CNTs)[9] 和碳纳米纤维[11] 电极的更宽。GOD/CRGO/GC (葡萄糖氧化酶/化学还原氧化石墨烯/玻碳电极) 的葡萄糖检出限低于碳基生物传感器 (如碳纳米管凝胶电极[12]、碳纳米电极[13]、碳纳米纤维[11]、机械剥离石墨纳米片[8] 和高度有序的介孔碳[14]), 在 $-0.20 \ V$ 下为 $2.0 \ mmol \cdot L^{-1}$。GOD/CRGO/GC 电极对葡萄糖的响应非常快 ($9 \ s \pm 1 \ s$ 即达到稳态响应), 而且高度稳定 (在运行 $5 \ h$ 后仍能保持 91% 的信号值), 这使得 GOD/CRGO/GC 电极成为快速和高度稳定的生物传感器, 可以用于糖尿病诊断时连续测量血糖水平。

在另一项研究中, 采用了分散于生物相容壳聚糖上的石墨烯来构建葡萄糖生物传感器[6]。在这项工作中, 壳聚糖显然有助于形成均匀分散的石墨烯悬浮物, 也有助于固定酶分子, 石墨烯基酶传感器在测量葡萄糖方面表现出优异的灵敏度 ($37.93 \ mA \cdot mmol \cdot L^{-1} \cdot cm^{-2}$) 和长期稳定性。

人们也开发出了基于石墨烯/金属纳米粒子 (nanoparticles, NPs) 的生物传感器。Shan 等人[15] 开发出了一种基于石墨烯、黄金纳米粒子和壳聚糖复合膜的生物传感器, 它对 H_2O_2 和 O_2 表现出良好的电催化活性。Wu 等人[7] 设计了一种基于葡萄糖氧化酶、石墨烯、铂金纳米粒子和壳聚糖的葡萄糖生物传感器, 其检出限为 $0.6 \ mmol \cdot L^{-1}$。这些优异的性能主要归因于石墨烯具有较大的比表面积和良好的导电性, 也归因于石墨烯与金属纳米粒子之间的协同效应[7,15]。

Zhou 等人[16] 报道了基于石墨烯–抗利尿激素 (antidiuretic hormone, ADH) 的乙醇生物传感器。ADH–石墨烯/GC 电极在乙醇检测方面表现出更快的响应速度和更宽的线性响应范围, 相比于 ADH–石墨/GC 电极和 ADH/GC 电极, 该电极在检测乙醇时具有更低的检出限。这种检测性能增强的现象可能是因为检测介质与产物能够在含酶石墨烯阵列中有效迁移, 同时还因为石墨烯具有固有的生物相容性[10]。

5.1.2 石墨烯–DNA 生物传感器

在检测与人类疾病相关的特定 DNA 序列或变异基因时, DNA 电化学传感器具有高灵敏度、高选择性以及经济性的优势, 有望为病人诊断提供一个简单、准确、廉价的测试平台[17,18]。电化学 DNA 传感器还可以实现小容量样本检测设备的小型化。在各种电化学 DNA 传感器中, 这种基于直接氧化 DNA 的传感器是简单而结实的[10,18]。

Zhou 等人[10] 报道了一种基于化学还原氧化石墨烯 (CRGO) 的电化学 DNA 传感器。从图 5.1 可明显看出, 在 CRGO/GC 电极上, DNA 的 4 种碱基鸟嘌呤 (G)、腺嘌呤 (A)、胸腺嘧啶 (T)、胞嘧啶 (C) 的电流响应值都是有效分离的 (图 5.1a), 表明 CRGO/GC 电极可以同时检测 4 种游离碱基, 而石墨或玻璃碳电极是不可能做到这一点的。这归功于 CRGO/GC 电极的耐污染性能以及碱基对在 CRGO/GC 电极上氧化时具有高电子迁移动力学性能[10], 这些性能主要是因为 CRGO 上具有高密度平面状边缘缺陷和含氧功能团, 它们能提供许多活化位, 促进了电极和溶液中待测物种之间的电子迁移[16,19-20]。从图 5.1(b) 和图 5.1(c) 可以明显看出, 在中性且无需预水解步骤的条件下, CRGO/GC 电极能有效分离单链 DNA (single-stranded DNA, ssDNA) 和双链 DNA (double-stranded DNA, dsDNA) 上的 4 种 DNA 碱基, 这 4 种 DNA 碱基比游离碱基更难氧化。此外, 该电极无需任何杂化或标记处理, 就可为具有特定序列的短链低聚物提供单核苷酸多态性 (single-nucleotide

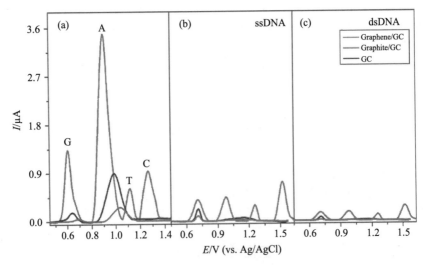

图 5.1 (a) 针对 DNA 的 4 种碱基 (G、A、T 和 C) 混合物测得的微分脉冲伏安 (differential pulse voltammetry, DPV) 曲线。(b) 采用石墨烯/GC 电极、石墨/GC 电极和单独 GC 电极测得的 0.1 mol·L^{-1}、pH 为 7.0 的磷酸缓冲液中的 ssDNA。(c) 采用石墨烯/GC 电极、石墨/GC 电极和单独 GC 电极测得的 0.1 mol·L^{-1}、pH 为 7.0 的磷酸缓冲液中的 dsDNA。其中 G、A、T、C、ssDNA 或 dsDNA 的浓度均为 10 mg·L^{-1}。(经授权引自 M. Zhou, Y.M. Zhai, S.J. Dong, *Anal. Chem.* 81, 5603–5613, 2009, Copyright 2009 Nature Publishing Group)

polymorphism, SNP) 位点[10]。这是由于 CRGO 具有独特的物理化学性质 (单层属性、高电导率、大比表面积、耐污染性能、高电子传输动力学性能等)[10]。

5.1.3 用于重金属离子检测的石墨烯传感器

在环境分析领域, 石墨烯基电化学传感器对于重金属离子 (Pb^{2+} 和 Cd^{2+}) 的检测也具有一定的应用潜力[21,22]。Li 等[21,22] 证实, 由于石墨烯纳米片和全氟磺酸的协同效应, 基于全氟磺酸–石墨烯复合膜的电化学传感器不仅能提高 Pb^{2+} 和 Cd^{2+} 的检测灵敏度, 还能削减干扰作用[21]。此外, 在石墨烯电极上的溶出电流信号也大大增强了。从图 5.2 可以明显辨别出溶出电流信号。检测 Pb^{2+} 和 Cd^{2+} 的线性响应范围是很宽的 (Pb^{2+} 的检测范围是 0.5~50 mg·L^{-1}, Cd^{2+} 的检测范围是 1.5~30 mg·L)。Pb^{2+} 和 Cd^{2+} 的检测限 (信噪比 S/N=3) 都是 0.02 mg·L^{-1}, 这比全氟磺酸膜修饰的铋电极[23] 和有序介孔覆碳玻碳电极 (glassy carbon electrode, GCE)[24] 更敏感, 与涂覆全氟磺酸/碳纳米管

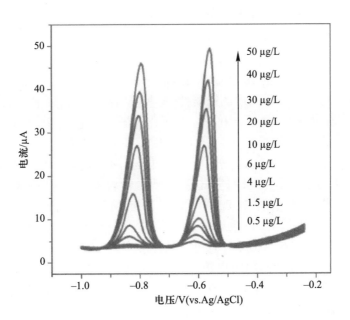

图 5.2　在含有 0.4 mg·$L^{-1}Bi^{3+}$ 的溶液中, 原位电镀全氟磺酸–石墨烯–硼膜电极上不同浓度 Pb^{2+} 和 Cd^{2+} 的溶出伏安曲线。(经授权引自 J. Li, S.J. Guo, Y.M. Zhai, E.K. Wang, *Anal. Chem. Acta* 649, 196–201, 2009)

的铋膜电极相当[25]。这种性能的增强归因于石墨烯的独特性质 (纳米级尺寸的石墨烯晶片、晶片的纳米级厚度以及高导电率), 这些性质使得传感器具有强烈的吸附目标离子的能力, 从而增大了表面浓度、提高了灵敏度和减轻了表面活性剂的污染影响[21,22]。

5.1.4 石墨烯用于 DNA 分子的快速排序

迄今为止, 在生物技术方面最大的挑战之一是直接建立个体 DNA 分子的碱基序列, 而不需要用聚合酶链式反应 (polymerase chain reaction, PCR) 增殖或对 DNA 分子进行其他修饰[26]。Sanger 等人[27] 的工作证实了人类基因组测序工作的必要性[28,29]。他们是通过鸟枪法完成测序, 也就是说, 样本分割成小的随机片段并进行增殖, 利用 Sanger 法对这些片段进行测序, 根据碱基序列确定重叠区域后合并这些序列。要想让这项技术更准确、全面、经济和快速, 会面临许多挑战。DNA 增殖过程在一个资源密集型过程中是至关重要的, 这是一个可能引入误差的过程。此外, 当重复区域大于 Sanger 法的可读取长度时, 测序工作就会变得非常困难。

人们正在尝试各种优化排序过程的改进方法[30,31]。此外, 正在开发的单分子测序技术提供了一种可替代 Sanger 法的备选方案[26], 该技术可提高测序速度、降低成本、减少错误率、提高读取长度[26]。

采用天然形成的 R-溶血素 (R-hemolysin, RHL) 蛋白首次探索了生物纳米孔用于单分子测序的可能性, 这些蛋白质可以自发地嵌入到一个脂质双分子层中形成纳米孔[32]。有研究人员利用电生理学方法对这种 R-溶血素蛋白质孔隙进行了研究, 采用膜片钳放大器记录了蛋白质孔隙内的离子电流, 而 DNA 分子在跨膜电场 (对带负电荷的主链起作用) 的影响下可穿过这些蛋白质孔隙[33-36]。针对单链 DNA 和双链 DNA 都开展过相关研究。单链 DNA 可以穿过孔径仅为 1.5 nm 的孔隙[37]; 而对双链 DNA 来说, 3 nm 的孔径也足矣[38]。单链 DNA 迁移孔径范围的下限可以达到单核苷酸纳米尺寸大小 ($wNT \approx 1$)[26]。研究人员首次发现不同共聚体具有不同阻断电流后认为, 可用共聚体迁移通过孔隙的办法来对单个 DNA 分子进行测序[39,40]。然而, 纳米孔隙太深, 无法实现单个碱基的辨别, 同时电流信号太小, 也不能实现快速读出。这两个问题都可以通过使用核酸外切酶分解 DNA 的方法或修饰纳米孔隙以减缓迁移速度的方法来解决[41]。但是, 个体碱基进入纳米孔隙的顺序不同于它们在 DNA 中的顺序。此外，生物纳米孔隙以及包埋它们的脂质双层膜仅能在一个很窄的温度、pH、化学环境和应用电场范围内保持稳定，这就限制了它们的实际应用。然而，固态纳米孔隙是不受这些限制的[42]，它们已经用于制备 Si_3N_4 膜[43]、SiO_2 膜[44] 和聚合物膜[45]。

基于横向电导测序法是颇具发展前景的新一代测序技术[46-50]。该技术的检测原理是，不同碱基具有不同的化学组成，因而具有不同空间尺度的局部电子态密度。这种技术原理可以利用扫描隧道显微镜 (scanning tunneling microscope, STM) 的导电尖端对固定在基底上的 DNA 进行测试[51-53]。如果碱基是一个接一个地穿过固态纳米孔隙内的偏压隧道间隙，它们将根据局部碱基态作用于隧道电流的情况而交替改变电流。然而，制备出足够薄的纳米电极从而提高检测电极的电导，使其能用于单个碱基分辨以及获得带均匀纳米孔的纳米电极是颇具挑战性的，且目前尚未实现。最近，Postma[26] 使用石墨烯作为电极以及膜材料，提出了采用石墨烯纳米隙测序 DNA 的方法 (图 5.3)。

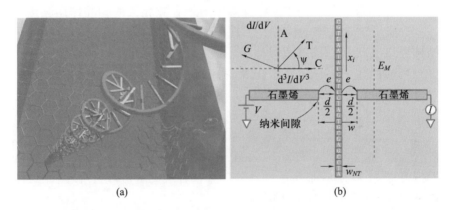

(a)   (b)

图 5.3   (a) 单链 DNA 分子的独立碱基 (主链为绿色，碱基为交替的颜色) 在穿过石墨烯 (六方晶格) 纳米孔隙时依次占据了该孔隙。读取它们的电导率可揭示分子的序列。连接到石墨烯纳米孔隙的接触电极 (金色、黄色) 分别位于该图片的最左侧和最右侧。(b) 横向电导测量技术的原理图。(经授权引自 H.W. Ch. Postma, *Nano. Lett.* 10, 420–425, 2010)(彩色版本见彩图)

Postma[26] 声称，石墨烯是一种理想的测序材料，原因是：① 它具有单原子厚度，可以实现具有单碱基识别能力的横向电导测量；② 能够承受较高的跨膜压力[54-56]；③ 具有固有的导电性。最后一个属性是特别有利的，因为该膜本身就是电极，自动解决了必须制造与纳米孔隙恰好匹配的纳米电极的问题。此外，有多种方法也可以获得石墨烯纳米孔隙, 它们可能采用的是类似于切割碳纳米管的方法, 即在扫描隧道显微镜[57] 下用纳米蚀刻的手段制备而得[58]。其他可行的制备方法有电迁移[59]、局部阳极氧化[60]、透射电子显微镜 (transmission electron microscopic, TEM) 纳米制造[61] 或催化纳米切割[62,63] 等。

理想的纳米孔隙宽度为 1.0~1.5 nm, 这样就可以使单链 DNA 以展开状态通过[37] 并确保较大的横向电流。在 DNA 的迁移速度和测序速率方面, 石墨烯纳米孔隙可与固态和生物纳米孔隙相媲美。DNA 在固态纳米孔隙中的迁移速度通常比在生物纳米孔隙中的大得多, 这主要是因为它们的尺寸、纵横比、DNA–孔隙之间的作用强度差异较大[64−69]。当 DNA 分子穿过纳米孔隙时, 如果纳米孔隙尺寸小于单链 DNA 的宽度, 则碱基会粘附于纳米孔隙的某一侧, 落后于主链[70]。迁移速度也受到 DNA 进入孔隙时的展开速度影响[38,68]。R-溶血素孔隙结构类似于这里提出的石墨烯纳米孔隙: ① 两者均具有相似的理想的纳米孔隙宽度 (1.0~1.5 nm); ② R-溶血素孔隙的最窄区域与石墨烯片具有相似的厚度, 这就可能导致它具有与 DNA–石墨烯纳米孔隙相似的相互作用强度。

石墨烯纳米孔隙的优势之一在于, 一旦孔隙形成, 它们的局部原子结构可以直接在扫描隧道显微镜下成像, 这样就可将计算值与理论值进行全面比较。Postma[26] 曾报道, 在没有任何预先或后处理的情况下, 每个核苷酸的平均迁移时间为 3.6 μs, 该值恰好位于 Postma 提出的技术范围内[26]。

为了证明所提出的石墨烯纳米孔隙测序技术的单碱基分辨率, Postma[26] 在 He 等人[50] 研究的第一性原理的基础上提出了一种数值模拟方法。图 5.4(a) 显示了一系列单个核苷酸的电流峰值, 该图证明可以通过这种技术辨别独立碱基。

为了考察纳米孔隙宽度变化对电流的影响, 人们针对不同纳米孔隙宽度 $w = d + w\text{NT}$ 开展了仿真研究, 其中 $w\text{NT} \approx 1$ nm 是单核苷酸的尺寸 (图 5.4)。当纳米孔隙变宽时, 电流峰变宽。除了电流峰变宽以外, 整个电流强度随着纳米孔隙宽度变化而呈指数级下降。因此, 需要某种技术来区分电流变化到底是由碱基变化还是由纳米孔隙宽度变化引起的。为了解决这个问题, Postma[26] 提出使用与纳米孔隙宽度变化无关的非线性伏安特性图来表征碱基。

当碱基与纳米孔隙对准时, 倾角将变得稳定, 此时对于所有纳米孔隙宽度来说, 其值大致相同。然后可以根据该结果来确定碱基类型, 如图 5.5(a) 所示。蓝色三角形为实际的碱基类型; 红色三角形为基于 ψ 值

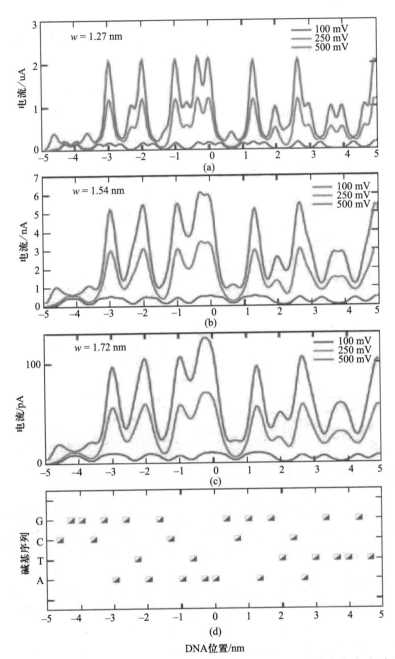

图 5.4　(a)~(c) 单链 DNA 分子分别通过 3 种宽度 (w) 的石墨烯纳米孔隙时, 流过石墨烯纳米孔隙上的电流强度, 此处列出了偏置电压值。(d) 在这次仿真中, 使用了随机序列 CGG CGA GTA GCA TAA GCG AGT CAT GTT GT。(经授权引自 H.W. Ch. Postma, *Nano.Lett.* 10, 420–425, 2010)(彩色版本见彩图)

推断出的碱基类型。所记录倾角的直方图列于图 5.5(a) 中, 从该图可以看出, 由于碱基类型不同, 形成了 4 个截然分开的峰值。显然, 尽管纳米孔隙宽度变化引起的电流变化达 5 个数量级以上, 这种方法仍可用于单个 DNA 分子测序。当纳米孔隙宽度等于 1.7 nm 时, 峰形变得很宽大, 以至于相邻碱基之间的电流开始影响纳米孔隙中心碱基的电流, 这会导致碱基类型的识别错误 (图 5.5(b))。通过反卷积所记录的电流可以修正这种识别错误。这种峰形变宽的现象是测序误差的主要来源, 它发生的概率如图 5.6 所示。

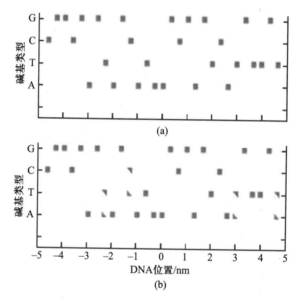

图 5.5 (a) 采用三角形来代表正文中所述的碱基类型 (蓝色三角形为实际碱基类型; 红色三角形为从 ψ 值推导出的碱基类型)。当 $w = 1.1 \sim 1.6$ nm 时, 推导出的碱基类型很准确。(b) 当 $w = 1.7$ nm 时, 交叠的电流峰值导致了识别错误。(经授权引自 H.W. Ch. Postma, *Nano.Lett.* 10, 420–425, 2010)(彩色版本见彩图)

导致数据波动的另一个原因是石墨烯膜的热振动。由于平铺膜具有单原子厚度, 很容易在垂直于膜面的方向发生弯曲。这种弯曲态下的热振动[36] 会导致纳米孔隙位置相对于 DNA 纵轴发生随机变化, 这就限制了纵向识别率, 通过这个方法可以测量碱基的横向电导。从最新的研究来看, 对于少数层的石墨烯膜, 当膜厚度为 0.6 nm、长度为 500 nm 时, 热噪声幅值估计为 0.16 nm[36], 小于碱基之间的距离 (0.3 nm), 这意味着尽管存在这些机械振动, 单碱基识别仍是可能的。单链 DNA 分子

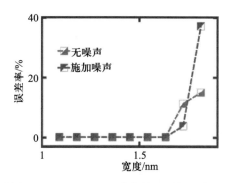

图 5.6　施加和不施加 Johnson-Nyquist 噪声情况下的测序误差率。(经授权引自 H.W. Ch. Postma, *Nano.Lett.* 10, 420–425, 2010)

的布朗运动将导致纳米孔隙内核苷酸位置发生随机变化。当 DNA 分子不在纳米孔隙内部时, 这种随机变化幅度的上限可以从 DNA 的自由扩散过程估计出, 其上限为 2 nm, 大于碱基与碱基之间的距离。然而, 其扩散系数在狭窄的纳米孔隙几何结构中可能要小得多[64]。此外, 可以通过纳米孔隙的功能化处理使扩散系数变得更小[41]。驱使 DNA 更快地通过纳米孔隙可以减小 τ 值, 进而可以减小 δx_0 值。

为了防止寄生电流随绕过纳米孔隙的离子溶剂从石墨烯表层流走, 通常在石墨烯上覆盖一层自组装单层膜。根据 Postma[26] 的研究, 这也会提高石墨烯表面的浸润性, 限制了石墨烯表面与溶剂接触造成的电化学反应, 并防止 DNA 粘附于石墨烯表面。纳米孔隙边缘上未钝化的碳原子之间流过的残余寄生电流将会对电流和它的一阶导数 dI/dV 产生额外的影响。这种偏差可以通过比较 DNA 穿过纳米孔隙前后的结果加以校准, 扣除这种偏差后可以补偿这种影响。据计算, 核苷酸在纳米孔隙中的几何波动会导致横向电导发生较大的波动, 使得有效区分核苷酸受到局限[48]。旋转波动可能由以下几个方面引起: ① 与主链结合的碱基的绕键旋转值 $\delta\theta$; ② 纳米孔隙内 DNA 分子的整体旋转值 θ。由于 DNA 分子的连贯长度要比碱基与碱基之间的距离大得多, 可以预测, 当 DNA 分子通过纳米孔隙时, 第二种效应会导致依次排列的碱基的电导率发生相似的微小变化[48]。对依次排列的碱基而言, 这种效应的存在以及它改变电流的方式可以从与 ψ 的对照值推断出来。第一种效应将导致位于平均值 θ 附近的角度 $\delta\theta$ 发生随机波动。

"旋转波动如何改变非线性电导和 ψ 值" 是今后需要深入研究的课题。这些电导波动现象或许可以通过稳定纳米孔隙内的核苷酸而加以削减, 例如, 通过胞嘧啶功能化纳米孔隙[50] 或通过施加偏置电压[72] 等手段实现。作为 Postma 提出的横向电导技术的替代方法[26], 当前的实验装置也能用于直接检测电压波动, 这种波动是由碱基的局部运动以及特异性偶极子运动造成的[73,74]。

5.2 石墨烯在储能方面的应用

5.2.1 基于石墨烯的透明电极

采用溶液法处理化学衍生石墨烯以及该过程获得的沉积物使研究人员很快意识到, 可以考虑将这种材料用于制备透明导体[75]。由于光电器件 (如显示器、发光二极管 (light-emitting diodes, LED)、太阳能电池等) 的发展, 使得这种石墨烯涂层的需求迅速增长[75]。虽然当前工业领域基本都是采用铟锡氧化物 (indium tin oxide, ITO), 但是, 碳纳米管因具有较低维度, 且在极低密度条件下可形成渗滤导电网络, 一直被视作一种可行的替代品[75]。石墨烯具有同样的优点, 显而易见也可成为选择之一。

Mullen 及其同事首次公布了基于石墨烯的透明导体[76]。他们将氧化石墨烯通过浸涂法沉积成膜, 接着再通过热退火法还原这些石墨烯膜。当所获得的薄膜的透光率为 70% 时, 电导率可低至 0.9 kΩ[76]。尽管其性能比透光率为 90% 的氧化铟锡差得多, 但该膜成本较低, 而且无需真空溅射处理[76]。该研究团队还把薄膜作为染料敏化太阳能电池的阳极, 其能量转换率 (power conversion efficiency, PCE) 可达到 0.26%。

此后, Eda 等人使用类似的薄膜设计了具有 0.1% 能量转换率的聚合物太阳能电池[77,78]。虽然这些电池的性能比氧化铟锡控制器件差一些, 但他们证实了 "石墨烯基透明涂层成本较低" 的观点。

5.2.2 基于石墨烯的超级电容器

单片石墨烯的表面积为 2630 $m^2 \cdot g^{-1}$, 这比当前电化学双层电容器中活性炭的 Brunauer-Emmett-Teller (BET) 表面积值高出许多倍。Ruoff 等人[79] 首次研发了化学改性石墨烯 (chemically modified graphene, CMG), 并展示了它们用于超级电容器电池时的性能, 这些石墨烯是从仅有一个原子厚度的碳层制备而得, 并根据需要进行了功能化处理。此外, 他们还测出石墨烯的比电容在水相和有机相电解质中分别为 135 $F \cdot g^{-1}$

和 99 F·g^{-1}[79]。另外, 高电导率使得这些材料能在很宽的电压扫描速率范围内具有始终如一的良好性能。基于这些结果, Ruoff 等人[79] 证实, 石墨烯无疑是一种极好的用于高性能电气储能器件的材料。

基于电化学双层电容 (electrochemical double-layer capacitance, EDLC) 的超级电容器是一种电气储能装置, 它可以通过发生在电极和电解质之间化学界面上的纳米级电荷分离作用来储存和释放能量[79]。储存的能量与双电层的厚度成反比; 因此, 相比传统的电介质电容器, 这些电容器具有极高的能量密度[79]。它们能够储存大量的电荷, 相比可充电电池而言, 可在极高的额定功率下传输电荷[79]。超级电容器可广泛用于能量获取和存储。另外, 它们既可以单独作为主电源使用, 也可以与蓄电池或燃料电池组合使用[79]。

超级电容器相比传统储能器件所具有的优势包括储容能力高、寿命长、热运行范围宽、重量轻、包装方式灵活和使用方便[80]。对于任何具有负载周期短和可靠性要求高的应用来说 (如能量回收源, 包括负载吊车、铲车以及电动车辆), 超级电容器是最理想的[79-81]。利用超级电容器几乎能瞬间吸收和释放能量的特性所开展的其他应用还包括电力设施的功率调整和作为工厂备用电源使用。一组超级电容器可以桥接电源故障和备用发电机启动之间这段较短的时间间隔。

虽然超级电容器的能量密度比常规电介质电容器高数倍, 但仍显著低于蓄电池或燃料电池。为了长时间提供电量, 仍然需要与蓄电池 (或其他电源) 结合使用。因此, 正如美国能源部所宣称的那样, 关于如何"提升超级电容器的能量密度, 使之接近蓄电池的能量密度"的研究兴趣日益增加[82]。

除了上述电化学双层电容器, 另一类基于赝电容的超级电容器也可以加以利用。电化学双层电容的电荷存储机制是不符合法拉第定律的, 而赝电容则是基于法拉第定律的, 其氧化还原反应是采用电极导电材料 (如导电聚合物和金属氧化物) 来完成的。赝电容器件的能量密度要比电化学双层电容的大得多; 然而, 法拉第感应引起的电极相位变化局限了它们的寿命和能量密度。本书所述的研究结果是采用化学改性石墨烯碳电极材料制备的电化学双层电容超级电容器电池获得的[79]。

简言之, 一个超级电容器单元电池中有两个多孔碳电极, 采用一个多孔隔板将它们与电触点分隔[83]。金属箔或碳浸渍聚合物制成的集电器用来从每个电极传导电流。隔板和电极均浸渍有电解液, 电解液能允许离子电流在电极之间流动, 但防止电流从电池放电[79]。根据所需的尺寸和电压, 可由多个重复的电池单元组装成一个超级电容器组件[79]。由独立薄片构成的化学改性石墨烯体系中, 不会受到固态支撑物中小孔分布规律的影响 (小孔主要是提供较大的表面积); 更确切地说, 每个化学改性石墨烯晶片可以通过物理移动来适应不同类型的电解质 (如它们的尺寸及空间分布等)。因此, 对于这样一个结构而言, 电解质可以始终接触到化学改性石墨烯材料上极高比表面积区域, 从而可以保持较高的电导率[84-85]。

由于活性炭材料的电阻相对较高, 用其制备的商用电极在厚度方面受到局限, 而且通常需要采用导电能力高但比表面积较小的添加剂 (如炭黑) 以使电池实现快速电荷转移[79]。这些化学改性石墨烯材料的电导率 (约 $2 \times 10^2 \, S \cdot m^{-1}$) 接近于原始石墨。石墨烯材料的高导电性使得电极无需使用导电填料, 并且允许增加电极厚度。增加电极厚度和取消添加剂可以提升电极材料相比于集电器/隔板材料的比例, 这又进一步增加了超级电容器组件的能量密度。

化学改性石墨烯材料可用多种方法合成多种形态[86], 并且它们可以在溶液中保持悬浮状态[87,88], 能被加工成类纸材料[89,90], 并能掺入聚合物[91] 或玻璃/陶瓷[92] 纳米复合材料中。Ruoff 等人[79] 采用了一种特殊形式的化学改性石墨烯, 这种石墨烯可以很容易地掺入到超级电容器测试电池的电极中。这种特殊形式的化学改性石墨烯的制备方法是: 先将石墨烯片分散于水中形成悬浊液, 之后再用水合肼还原。在还原过程中, 单个的石墨烯片团聚成直径为 $15 \sim 25 \, \mu m$ 左右的粒子, 有人使用 SEM 对这些粒子进行过观察。此外, Ruoff 等人[79] 将化学改性石墨烯粉末样品燃烧后, 用元素分析法确定了 C/O 和 C/N 的原子比。

图 5.7(a) 是化学改性石墨烯团聚粒子表面的 SEM 照片。图 5.7(b) 是 TEM 照片, 从该图可以看出, 单个的石墨烯片从团聚粒子的外表面延伸出来。通过这些图像, Ruoff 等人[79] 向人们展示了团聚物表面上单个石墨烯片的两侧是如何暴露于电解液中的。Ruoff 等人[79] 通过氮气吸收 BET 法进一步测算出化学改性石墨烯团聚物的表面积为 $705 \, m^2 \cdot g^{-1}$。位于该团聚粒子内部的石墨烯片接触不到电解液。然而, 团聚物表面的石墨烯片表明化学改性石墨烯在用于超级电容器电极方面极具潜力。

电极材料的表征可以采用二或三电极结构来实现。然而, 通常使用双电极测试电池结构, 因为它能够最精确地测量电化学电容器的材料性能[93]。使用聚四氟乙烯 (polytetrafluoroethylene, PTFE) 黏合剂将化学改性石墨烯颗粒制备成电极, 用一个不锈钢测试夹具对组装电池开展电气测试。图 5.7(c) 为所制备的电极表面的两张 SEM 照片 (低倍数和高倍数)。图 5.7(d) 是 Stoller 等人在研究中使用的双电极超级电容器测试电池和组装夹具的示意图[79]。采用 3 种电解质溶液针对化学改性石墨烯基超级电容器电池进行了测试, 这 3 种电解质在商用电化学双层电容中也常常使用。这些电解质包括一种水相电解质 (5.5 mol·L^{-1}KOH) 和两种有机相电解质体系: 溶有四氟硼酸四乙胺 (tetraethy lammonium tetrafluoroborate, TEABF$_4$) 的乙腈 (acetonitrile, AN) 溶剂和溶有四氟硼酸四乙胺的碳酸亚丙酯 (propylene carbonate, PC) 溶剂。

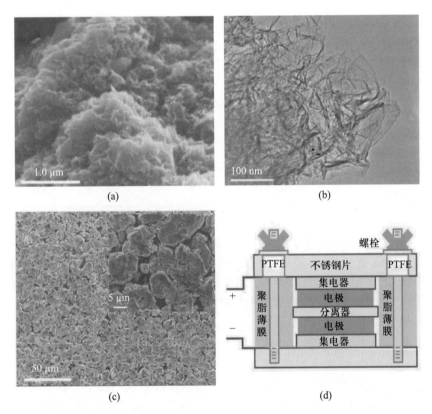

图 5.7 (a) 化学改性石墨烯颗粒表面的 SEM 照片。(b) 从化学改性石墨烯颗粒表面伸展出的单层石墨烯片的 TEM 照片。(c) 化学改性石墨烯粒子表面的低倍及高倍 (内插图) SEM 照片。(d) 测试电池组件的示意图。(经授权引自 M.D. Stoller, S. Park, Y. Zhu, J. An, R.S. Ruoff, *Nano. Lett.* 8, 3498–3502, 2008)

Ruoff 等人[79] 采用循环伏安法 (cyclic voltammetry, CV)、电阻抗图谱法 (electrical impedance spectroscopy, EIS) 和恒电流充/放电法进一步评估了超级电容器电池的性能, 使用伏安图和恒电流充/放电结果计算了化学改性石墨烯电极的比电容。采用循环伏安曲线来确定比电容时, 是将整个伏安图进行积分来确定平均值。当采用恒电流充/放电法确定比电容时, 是从放电曲线的斜率 (dV/dt) 计算出来的。表 5.1 中列出了按这两种方法计算的比电容 (单位为 $F \cdot g^{-1}$)。

表 5.1 化学改性石墨烯材料的比电容 ($F \cdot g^{-1}$)

电解质	恒电流放电/mA		扫描速率/mV·s^{-1}	
	10	20	20	40
KOH	134	128	100	107
TEABF$_4$/PC	94	91	82	80
TEABF$_4$/AN	99	95	99	85
来源: 经授权引自 M.D. Stoller, S. Park, Y. Zhu, J. An, R.S. Ruoff, *Nano Lett.* 8, 3498–3502, 2008				

使用 Nyquist 图分析了电阻抗图谱数据。Nyquist 图代表化学改性石墨烯电极/电解质体系的响应频率, 这种图将阻抗的虚部 Z'' 作为纵坐标, 以实部 Z' 作为横坐标。每个数据点对应着一个不同的频率, 曲线的左下部对应着较高的频率值。该曲线与 X 轴的交点表示电池的内部或等效串联电阻 (equivalent series resistance, ESR), 该值决定了电池充放电的速率 (电容量)。曲线上相位角为 45° 时的点称为 Warburg 阻抗, 是与电解质中离子扩散/迁移作用相关的频率的函数。然而, Ruoff 等人[79] 所选择的那种形态的化学改性石墨烯材料仅有部分石墨烯片 (那些处于颗粒表面的石墨烯) 能够与电解质接触。化学改性石墨烯的比电容处于 100 $F \cdot g^{-1}$ 的数量级, 表明石墨烯材料在当前常用的工业电解质中工作良好, 具有良好的导电性能和颇具前景的蓄电能力。

得到的循环伏安曲线 (图 5.8) 几乎为矩形, 表明电荷在电极内能够有效传输。活性炭基电极的比电容会随着扫描电压增加而显著下降[94]。但基于化学改性石墨烯电极的伏安图在扫描速率即使达到 40 $mV \cdot s^{-1}$ 时, 也依然能够保持为矩形, 其比电容变化很小。随着扫描速率增加, 比

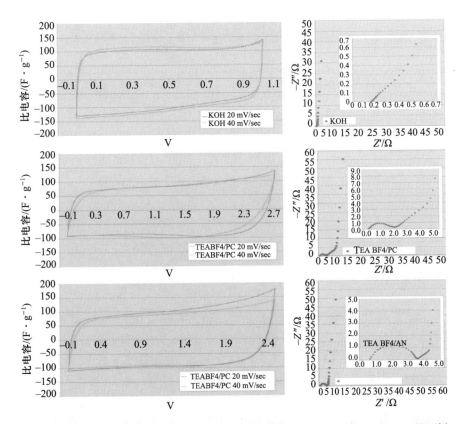

图 5.8 化学改性石墨烯材料分别在 KOH 电解质中 (左上图)、溶有 TEABF₄ 的丙烯碳酸酯电解质中 (左中图) 和溶有 TEABF₄ 的乙腈电解质中 (左下图) 的循环伏安图 (左边) 和 Nyquist 图 (右边)。(经授权引自 M.D. Stoller, S. Park, Y. Zhu, J. An, R.S. Ruoff, *Nano. Lett.* 8, 3498–3502, 2008)

电容变化很小, 这也能证明电荷传输性能良好。表 5.2 总结了扫描速率从 $20\ mV \cdot s^{-1}$ 变化到 $400\ mV \cdot s^{-1}$ 时, 以 KOH 为电解液的化学改性石墨烯电极的比电容变化。

根据 Ruoff 等人的研究[79], 化学改性石墨烯材料之所以对扫描速率的变化不敏感, 除了因为电阻较低外, 还有可能是因为离子在电解质中的扩散距离短、扩散路径长度相等, 因为电解质没有渗透到颗粒内部, 导致仅有颗粒表面的石墨烯片接触到电解质。这也可以解释 Nyquist 图中较短的 Warburg 区域的形成原因。离子扩散到团聚物内部将会导致离子扩散路径长度发生较大变化, 增加离子运动阻力, 会形成更大的 Warburg 区域。

表 5.2 在 KOH 电解质中的化学改性石墨烯材料的比电容随扫描速率的变化 $(F \cdot g^{-1})$

扫描速率/$(mV \cdot s^{-1})$	平均比电容/$(F \cdot g^{-1})$
20	101
40	106
100	102
200	101
300	96
400	97
来源: 经授权引自 M.D. Stoller, S. Park, Y. Zhu, J. An, R.S. Ruoff, *Nano. Lett.* 8, 3498–3502, 2008	

化学改性石墨烯材料所具有的高电导率可使电池具有较低的阻抗 (ESR)。Ruoff 等人[79] 在 KOH、TEABF$_4$/PC、TEABF$_4$/AN 电解质中测得的电池内电阻 (Nyquist 图中实部分量 Z') 分别为 0.15 Ω (24 kHz)、0.64 Ω (810 kHz) 和 0.65 Ω (500 kHz)。而且在较高的电压下,比电容也依然随电压呈线性变化。在 KOH 电解质中,循环伏安测试的最大电压值为 1 V,在 PC 电解质中的最大测试电压为 2.7 V,在 AN 电解质中的最大测试电压为 2.5 V。化学改性石墨烯材料中如含有少量功能团,有助于产生少量赝电容。但是,电流随着电压增加而呈相对线性增加,这表明此时的电荷本质上不是通过感应作用产生的[95]。当在充电过程中以 40 mV·s^{-1} 的速率扫描时,KOH 在 0.1~0.9 V 范围内的比电容几乎恒定在 116 F·g^{-1}。当在放电过程中以 20 mV·s^{-1} 的速率扫描时,有机电解质 AN 在电压为 0 (完全放电)~1.5 V 范围内的比电容是 100 F·g^{-1}。当在放电过程中以 20 mV·s^{-1} 的速率扫描时,有机电解质 PC 在电压为 0 (完全放电)~2.0 V 范围内的比电容约为 95 F·g^{-1}。

由此, Ruoff 等人[79] 证实, 具有良好导电性和很大表面积 (理论上讲这些表面积可以完全加以利用) 的化学改性石墨烯在电化学双层电容超级电容器方面是非常有前途的候选者。此外, 这些化学改性石墨烯材料是取材于来源广泛、价格便宜的石墨, 基于这些材料制备的超级电容器将会因成本和性能优势显著促进其在储能方面的广泛应用。

5.2.3 用于燃料电池中氧还原反应的氮掺杂石墨烯

数十年来, 铂纳米颗粒被认为是燃料电池中氧还原反应 (oxygen reduction reaction, ORR) 的最佳催化剂, 虽然铂基电极存在 2 个主要缺点: ① 易受时间漂移影响; ② 存在 CO 钝化作用[96-98]。此外, 铂催化剂成本较高、自然界中铂储量有限等问题均备受燃料电池市场关注。因此, 虽然在 20 世纪 60 年代阿波罗登月任务时就已开发出以铂为氧还原反应电化学催化剂的碱性燃料电池, 但是这种燃料电池依然没有实现大规模实际应用[99]。

目前有几个研究小组正在针对燃料电池中铂基电极的小型化或其替代材料开展深入研究[100-103]。Qu 等人[104] 考察了采用氮掺杂石墨烯片 (N-石墨烯) 作为燃料电池氧还原反应过程的催化剂的可行性。Qu 等人[104] 在他们的研究中试着将化学气相沉积 N-石墨烯片用于碱性燃料电池阴极的氧还原反应。其结果显示: N-石墨烯比起市售的铂基电极 (C2-20, 在 Vulcan XC-72R 上负载 20% 的铂; E-TEK) 在氧还原方面表现出更好的电催化活性、长期稳定性以及对交联效应和毒理效应具有更高的耐受性。

人们已采用一种改进的化学气相沉积法来合成 N-石墨烯[105]。简言之, 通过溅射技术将一薄层镍 (300 nm) 沉积到 SiO_2/Si 基材上, 经过镍涂覆的 SiO_2/Si 晶片再放入以高纯氩气保护的石英管炉中加热到 1000°C。在此之后, 含氮的反应气体混合物 ($NH_3 : CH_4 : H_2 : Ar = 10 : 50 : 65 : 200$ 标准立方厘米每分钟) 引入石英管并持续 5 min, 接着换成 NH_3 和 Ar 将内部气体顶空, 并持续通气 5 min。紧接着在氩气保护下将样品快速从炉中心 (1000°C) 移出, 之后在盐酸溶液中溶去残留的镍催化剂层, 使生成的 N-石墨烯膜很容易地从基底上腐蚀下来[105], 从而使独立的 N-石墨烯片能转移到便于开展后续研究的基底上。

图 5.9(a) 是采用盐酸去除镍层后漂浮在水面上的约 4 cm^2 的独立石墨烯膜。与化学气相沉积法合成的 C-石墨烯膜相似[105], 该法得到的 N-石墨烯膜是柔性和透明的, 仅由一层或少数层石墨烯薄片组成。图 5.9(b) 中的 AFM 照片显示了一个有褶皱 (由于具有柔韧性) 的光滑表面。另外, 根据图 5.9(c) 所示的层状结构对各层的厚度进行了估算, 发现其厚度为 0.9~1.1 nm。无基底的 N-石墨烯片可直接转移到 TEM 网栅上用于进一步表征。与大多数 C-石墨烯薄膜不同的是, N-石墨烯膜的电子衍射图[106-107] (图 5.10(a) 的内插图) 显示存在一个带有分散亮

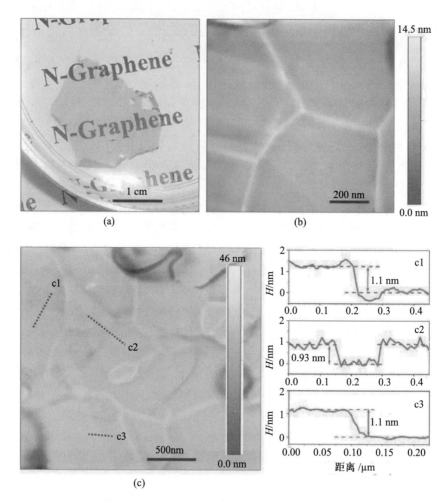

图 5.9 (a) 溶解于酸性溶液去除镍层后漂浮在水面上的一种透明 N-石墨烯膜的数码照片。(b) N-石墨烯膜的 AFM 照片。(c) 沿着标注在 AFM 照片上的示意线分析出的石墨烯高度 (c1~c3)。(经授权引自 L. Qu, Y. Liu, J.B. Baek, L. Dai, *ACS Nano* 4, 1321–1326, 2010)

点的环形衍射图案。所观察到的差异表明, 由于氮原子插入到石墨平面内导致结构扭曲, 使得 N-石墨烯薄膜中的部分石墨烯片变得无法分辨。所合成的 N-石墨烯薄膜的悬浮边缘的剖视图再次显示, 所形成的石墨烯片只有几层厚 (通常为 2~8 层) (图 5.10(b)、(c)、(d) 所示)。N-石墨烯膜相邻层间的距离经过测量为 0.3~0.4 nm, 接近于有轻微变形的石墨块 (002) 晶面的 d 间距 (0.335 nm)[108]。

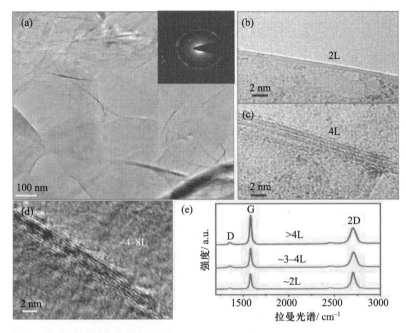

图 5.10　N-石墨烯薄膜的 TEM 和拉曼分析。(a) 在网栅上通过化学气相沉积法生成的数层 N-石墨烯膜的低倍率 TEM 照片。内插图为相应的电子衍射图案。(b)~(d) 分别为由 2 层 (b)、4 层 (c)、4~8 层 (d) 石墨烯构成的 N-石墨烯边缘的高倍率 TEM 照片。(e) 在 SiO₂/Si 基底上由不同石墨烯层构成的 N-石墨烯膜的拉曼光谱。(经授权引自 L. Qu, Y. Liu, J.B. Baek, L. Dai, *ACS Nano* 4, 1321–1326, 2010)

为了确定 N-石墨烯结构中氮原子的数目, Qu 等人[104] 开展了 X 射线光电子能谱 (X-ray photo-electron spectroscopic, XPS) 测量。该 N-石墨烯的 XPS 测量谱图中, 在 284.2 eV 处显示有一条明显的窄石墨 C1s 峰[109–110], 在约 400 eV 处也有 1 个 N1s 峰, 如图 5.11 所示。另一方面, 在很宽的结合能范围内 (0~1000 eV), N-石墨烯和 C-石墨烯的 XPS 测量谱均显示在约 540 eV 处有 O1s 峰[111–112], 这可能是由于掺入了物理吸附的氧, 就像碳纳米管的情况一样[113]。因此, 与 N-石墨烯中 C1s 峰相对应的 O1s 峰比 C-石墨烯中 O1s 峰要高, 说明 N-石墨烯的氧吸附能力较强, 对氧还原反应电极来说这是一个额外的优点。N-石墨烯的 XPS 谱线中没有出现镍元素的峰值, 这清楚地表明残余的镍催化剂已经完全被盐酸溶液去除。此外, 在高分辨率 XPS N1s 光谱中, Qu 等人[104] 在石墨烯结构中均观察到了类吡啶 (398.3 eV) 和吡咯 (400.5 eV) 氮原子的存在[114–116], 根据计算, N/C 原子比约为 4%。

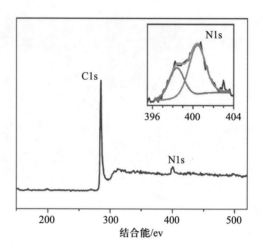

图 5.11 所合成的 N-石墨烯膜的 XPS 谱图。内插图为高分辨率 N1s 谱图。(经授权引自 L. Qu, Y. Liu, J.B. Baek, L. Dai, *ACS Nano* 4, 1321–1326, 2010)

此外, Qu 等人[104] 利用旋转环盘电极 (rotating ring-disk electrode, RRDE) 伏安法在空气饱和的 $0.1\,\mathrm{mol\cdot L^{-1}}$ 的 KOH 电解液中考察了 N-石墨烯薄膜用于氧还原反应时的电催化活性。在相似的气相化学沉积条件下制备了 C-石墨烯膜用于比较研究, 但在制备过程中没有引入 NH_3 气体, 也没有采用市售的玻碳电极 (Pt/C) 支撑的载铂碳。与无氮掺杂的纯碳纳米管电极相似, C-石墨烯电极呈现出两步、双电子的氧还原过程, 起始电势约为 $-0.45\,\mathrm{V}$ 和 $-0.7\,\mathrm{V}$。与 C-石墨烯电极不同的是, N-石墨烯电极则表现为一步、四电子的氧还原路径, 与 N-碳纳米管相似。在一个较宽的电势范围内, N-石墨烯电极的稳态催化电流密度比所述的 Pt/C 电极高出约 3 倍 (图 5.12(a))。当电势为 $-0.4 \sim 0.8\,\mathrm{V}$ 时, 根据 Koutecky-Levich(K-L) 公式[117], 计算出 N-石墨烯电极上每一个氧分子所转移的电子数 n 为 3.6~4。该结果表明, 在碱性溶液中 N-石墨烯电极是一种非常有前途的用于氧还原反应的非金属催化剂。

将 N-石墨烯电极置于燃料分子 (如甲醇) 和 CO 中, 以进一步测试其可能存在的交联效应及毒理效应[118–119]。Qu 等人[104] 还通过电氧化各种常用的燃料分子 (包括氢气、葡萄糖和甲醇) 检测了 N-石墨烯电极的电催化选择性 (图 5.12(b))。图 5.12(b) 中还列出了 Pt/C 电极的电流 (j)-时间 (t) 响应曲线以作为对比。如图 5.12(b) 所示, 当加入 2% (重量比) 的甲醇后, Pt/C 电极上的电流下降了 40%。然而, 在加入氢气、葡萄糖和甲醇后, N-石墨烯电极上氧还原反应依然保持较强而稳定的安培响

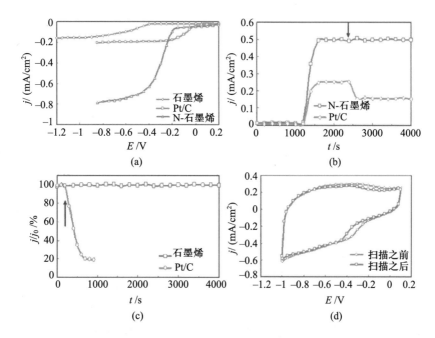

图 5.12 (a) 在空气饱和的 0.1 mol·L^{-1} 的 KOH 电解质中，在 C-石墨烯电极、Pt/C 电极和 N-石墨烯电极上测得的氧还原反应的 RRDE 伏安曲线。电极旋转速度为 1000 rmin。扫描速率为 0.01 V·s^{-1}。质量 (石墨烯)=质量 (Pt/C)=质量 (N–石墨烯)=7.5 μg。(b) 在空气饱和的 0.1 mol·L^{-1} 的 KOH 溶液中，在 −0.4 V 条件下测得的 Pt/C 电极和 N-石墨烯电极的电流密度 (j)-时间 (t) 响应曲线。箭头表示向空气饱和的电化学电池加入 2% (重量比) 的甲醇。(c) Pt/C 电极和 N-电极对 CO 的电流 (j)-时间 (t) 响应曲线。其中，圆形线为 Pt/C 电极，方线为 N-石墨烯电极，箭头表示在 −0.4 V 条件下，向空气饱和的 0.1 mol·L^{-1} 的 KOH 溶液中加入 10% (体积比) 的 CO；J_2 表示初始电流。(d) 在空气饱和的 0.1 mol·L^{-1} 的 KOH 溶液中，N-石墨烯在室温下 (25°C) 连续电位扫描 20 万次之前及之后的循环伏安图。扫描速率为 0.1 V·s^{-1}。(经授权引自 L. Qu, Y. Liu, J.B. Baek, L. Dai, *ACS Nano* 4, 1321–1326, 2010)

应值 (图 5.12(b))。N-电极具有较高的氧还原反应选择性以及优异的抗交联效应，这有助于大大降低燃料分子氧化时所需的氧还原反应电势。

为检验 CO 对 N-石墨烯电极的电催化活性的影响，往电解质中通入含 10% (体积比) CO 的空气。N-石墨烯电极对 CO 不敏感，但 Pt/C 电极在相同的条件下迅速中毒。此外，Qu 等人[104] 还开展了连续电势循环实验，来研究 N-石墨烯电极在氧还原反应方面的稳定性。从图 5.12(d) 可明显看出，在空气饱和的 0.1 mol·L^{-1} 的 KOH 溶液中，在 −1.0 ~ 0 V 范围内经过 20 万次连续循环后，没有观察到电流明显下降。

参考文献

[1] R.L. McCreery, Advanced electrode materials for molecular electrochemistry, *Chem. Ret.* 108, 2646-2687 (2008).

[2] J. Wang, Carbon nanotube based electrochemical biosensors: A review, *Electroanalysis* 17, 7-14 (2005).

[3] C.S. Shan, H.F. Yang, J.E Song, D.X. Han, A. Ivaska, L. Niu, Direct electrochemistry of glucose oxidase and biosensing for glucose based on graphene, *Anal. Chem.* 81, 2578-2582 (2009).

[4] Z.J. Wang, X.Z. Zhou, J. Zhang, E Boey, H. Zhang, Direct electrochemical reduction of single-layer graphene oxide and subsequent functionalization with glucose oxidase, *J. Phys. Chem. C* 113, 14071-14075 (2009).

[5] H. Wu, J. Wang, X. Kang, C. Wang, D. Wang, J. Liu, et al., Glucose biosensor based on immobilization of glucose oxidase in platinum nanoparticles/graphene/chitosan nanocomposite film, *Talanta* 80, 405-406 (2009).

[6] X.H. Kang, J. Wang, H. Wu, A.I. Aksay, J. Liu, Y.H. Lin, Glucose oxidase-graphene-chitosan modified electrode for direct electrochemistry and glucose sensing, *Biosens. Bioelectron.* 25, 901-905 (2009).

[7] H. Wu, J. Wang, X.H. Kang, C.M. Wang, D.H. Wang, J. Liu, et al., Glucose biosensors based on immobilization of glucose oxidase in platinum nanoparticles/graphene/chitosan nanocomposite film, *Talanta* 80, 403-407 (2009).

[8] J. Lu, L.T. Drzal, R.M. Worden, I. Lee, Simple fabrication of a highly sensitive glucose biosensor using enzymes immobilized in exfoliated graphite nanoplatelets Nation membrane, *Chem. Mater.* 19, 6240-6246 (2007).

[9] G.D. Liu, Y.H. Lin, Amperometric glucose biosensor based on self-assembling glucose oxidase on carbon nanotubes, *Electrocbem. Commun.* 8, 251-256 (2006).

[10] M. Zhou, Y.M. Zhai, S.J. Dong, Electrochemical biosensing based on reduced graphene oxide, *Anal Chem.* 81, 5603-5613(2009).

[11] L. Wu, X.J. Zhang, H.X. Ju, Amperometric glucose sensor based on catalytic reduction of dissolved oxygen at soluble carbon nanofiber, *Biosens. Bioelectron.* 23, 479-484 (2007).

[12] M.D. Rubianes, G.A. Rivas, Carbon nanotubes paste electrode, *Electrochem. Commun.* 5, 689-694 (2003).

[13] Y.H. Lin, F. Lu, Y. Tu, Z.F. Ren, Glucose biosensors based on carbon nanotube nanoelectrode ensembles, *Nano Lett.* 4, 191-195 (2004).

[14] M. Zhou, L. Shang, B.L. Li, L.J. Huang, S.J. Dong, Highly ordered mesoporous carbons as electrode material for the construction of electrochemical dehydrogenase and oxidase based biosensors, *Biosens. Bioelectron.* 24, 442-447 (2008).

[15] C.S. Shan, H.F. Yang, D.X. Hah, Q.X. Zhang, A. Ivaska, L. Niu, Graphene/AuNPs/chitosan nanocomposites film for glucose biosensing, *Biosens. Bioelectron.* 25, 1070 (2009).

[16] M. Zhou, Y. M. Zhai, S. J. Dong, *Anal. Chem.* 2009, 81, 5603.

[17] T.G. Drummond, M.G. Hill, J.K. Barton, Electrochemical DNA biosensors, *Nat. Biotechnol.* 21, 1192-1199 (2003).

[18] C.E. Banks, T.J. Davies, G.G. Wildgoose, R.G. Compton, Electrocatalysis at graphite and carbon nanotube modified electrodes: Edge plane sites and tube ends are reactive sites, *Chem. Commun.* 829-841 (2005).

[19] C.E. Banks, R.R. Moore, T.J. Davies, R.G. Compton, Investigation of modified basal plane pyrolytic graphite electrodes: Definitive evidence for the electrocatalytic properties of the ends of carbon nanotubes, *Chem. Commun.* 1804-1805 (2004).

[20] C.E. Banks, R.G. Compton, Exploring the electrocatalytic sites of carbon nanotubes for NADH detection: An edge plane pyrolytic graphite electrode study, *Analyst* 130, 1232-1239 (2005).

[21] J. Li, S.J. Guo, Y.M. Zhai, E.K. Wang, High-sensitivity determination of lead and cadmium based on the Nafion-graphene composite film, *Anal. Chim. Acta* 649, 196-201 (2009).

[22] J. Li, S.J. Guo, Y.M. Zhal, E.K. Wang, Nafion-graphene nanocomposite film as enhanced sensing platform for ultrasensitive determination of cadmium, *Electrochem. Commun.* 11, 1085 (2009).

[23] G. Kefala, A. Economou, A. Voulgaropoulos, A study of Nation-coated bismuth-film electrodes for the determination of trace metals by anodic stripping voltammetry, *Analyst* 129, 1082-1090 (2004).

[24] L.D. Zhu, C.Y. Tian, R.L. Yang, J.L. Zhai, Anodic stripping determination of lead in tap water at an ordered mesoporous carbon/nation composite film electrode, *Electroanalysis* 20, 527-533 (2008).

[25] H. Xu, L.P. Zeng, S.J. Xing, Y.Z. Xian, G.Y. Shi, Ultrasensitive voltam-metric detection of trace lead (III) and cadmium (III) using MWCNTs-nafion/bismuth composite electrodes, *Electroanalysis* 20, 2655-2662 (2008).

[26] H.W. Ch. Postma, Rapid sequencing of individual DNA molecules in graphene nanogaps, *Nano. Lett.* 10, 420-425 (2010).

[27] F. Sanger, S. Nicklen, A.R. Coulson, DNA sequencing with chain-terminating inhibitors, *Proc. Nat. Acad. Sci. USA* 74, 5463-5467 (1977).

[28] E. Lander, E.S. Lander, L.M. Linton, B. Birren, C. Nusbaum, M.C. Zody, et al., Initial sequencing and analysis of the human genome, *Nature* 409, 860-921 (2001).

[29] J.C. Venter, M.D. Adams, E.W. Myers, P.W. Li, R.J. Mural, G.G. Sutton, et al., The sequence of human genome, *Science* 291, 1304-1351 (2001).

[30] J. Shendure, R.D. Mitra, C. Varma, G.M. Church, Advanced sequencing technologies: Methods and goals, *Nat. Rev. Genet.* 5, 335-344 (2004).

[31] C.P. Fredlake, D.G. Hert, E.R. Mardis, A.E. Barron, What is the future of electrophoresis in large-scale genome sequencing *Electrophoresis* 27, 3689-3702 (2006).

[32] J.J. Nakane, M. Akeson, A. Marziali, Nanopore sensors for nucleic acid assays, *J.Phys. Condens. Matter* 15, R1365-R1393 (2003).

[33] J. Henry, J. Chich, D. Goldschmidt, M. Thieffry, Blockade of a mitochondrial cationic channel by an addressing peptide: An electrophysiological study, *J. Membr. Biol.* 112, 139-147(1989).

[34] H.J. Bayley, Biotechnology applications in biomaterials, J. Cell. Biochem. 56, 177-182 (1994).

[35] S.M. Bezrukov, I. Vodyanoy, V.A. Parsegian, Counting polymers moving through a single ion channel, *Nature* 370, 279-281 (1994).

[36] J.O. Bustamante, H. Oberleithner, J.A. Hanover, A. Liepins, Patch clamp detection of transcription factor translocation along the nuclear pore com-plex channel, *J. Membr. Biol.* 146, 253-261 (1995).

[37] X. Zhao, C.M. Payne, P.T. Cummings, J.W. Lee, Single strand DNA molecule translocation through nanopore gaps, *Nanotechnology* 18, 424018 (2007).

[38] J.B. Heng, A. Aksimentiev, C. Ho, P. Marks, Y.V. Grinkova, S. Sligar, K. Schulten, G. Timp, The electromechanics of DNA in synthetic nanopore, *Biophys.* J. 90, 1098-1106 (2006).

[39] M. Akeson, D. Branton, J.J. Kasianowicz, E. Brandin, D.W. Deamer, Microsecond time-scale discrimination among polycytidylic acid, polyadenylic acid and polyuridylic acid as homopolymers or as segments within single RNA molecules, *Biophys. J.* 77, 3227-3233 (1999).

[40] A. Meller, L. Nivon, E. Brandin, J.A. Golovchenko, D. Branton, Rapid nanopore discrimination between single polynucleotide molecules, *Proc. Natl. Acad. Sci. USA* 97, 1079-1084 (2000).

[41] J. Clarke, H. Wu, L. Jayasinghe, A. Patel, S. Reid, H. Bayley, Continuous base identification for single-molecule nanopore DNA sequencing, *Nat. Nanotechnol.* 4, 265-270 (2009).

[42] C. Dekker, Solid state nanopores, *Nat. Nanotechnol.* 2,209-215(2007).

[43] J. Li, D. Stein, C. McMullan, D. Branton, M.J. Aziz, J.A. Golovchenko, Ion beam sculpting at nanometer lengthscales, *Nature* 412, 166-169 (2001).

[44] A.J. Storm, J.H. Chen, X.S. Ling, H.W. Zandbergen, C. Dekker, Fabrication of solid state nanopores with single nanometer precision, *Nat. Mater* 2, 537-540 (2003).

[45] A. Mara, Z. Siwy, C. Trautmann, J. Wan, F. Kamme, An asymmetric polymer nanopore for single molecule detection, *Nano Lett.* 4, 497-501 (2004).

[46] M. Zwolak, M. Di Ventra, Electronic sig*Nature* of DNA nucleotides via transverse transport, *Nano Lett.* 5, 421-424(2005).

[47] J. Lagerqvist, M. Zwolak, M. Di Ventra, Fast DNA sequencing via transverse electronic transport, *Nano Lett.* 6, 779-782(2006).

[48] X. Zhang, P.S. Krstic, R. Zikic, J.C. Wells, M. Fuentes-Cabrera, First-principles transversal DNA conductance deconstructed, *Biopbys. J.* 91, L04-L06 (2006).

[49] M. Zwolak, M. Di Ventra, Colloqium: Physical approaches toDNA sequencing and detection, *Rev. Mod. Phys.* 80, 141-165 (2008).

[50] H. He, R.H. Scheicher, R. Pandey, A.R. Rocha, S. Sanvito, A. Grigoriev, R. Ahuja, S.P. Karna, Functionalized nanopore embedded electrodes for rapid DNA sequencing, *J. Phys. Chem. C* 112, 3456-3459 (2008).

[51] H. Tanaka, T. Kawai, Visualization of detailed structures within DNA, *Surf Sci.* 539, L531 (2003).

[52] M. Xu, R.G. Endres, Y. Arakawa, The electronic property of DNA bases, *Small* 3, 1539-1543 (2007).

[53] E. Shapir, H. Cohen, A. Calzolari, C. Cavazzoni, D.A. Ryndyk, G. Cuniberti, A. Kotlyar, R. Di Felice, D. Porath, Electronic structure of single DNA molecules resolved by transverse scanning tunneling spectroscopy, *Nat. Mater.* 7, 68-74 (2008).

[54] C. Lee, X. Wei, J.W. Kysar, J. Hone, Measurement of the elastic properties and intrinsic strength of monolayer graphene, *Science* 321,385-388 (2008).

[55] J.S. Bunch, S.S. Verbridge, J.S. Alden, A.M. Van der Zande, J.M. Parpia, H.G. Craighead, P.L. McEuen, Impermeable atomic membranes from graphene sheets, *Nano Lett.* 8, 2458-2462(2008).

[56] M. Poor, H.S.J. Van der Zant, Nanomechanical properties of few-layer graphene membranes, *Appl. Phys. Lett.* 92, 063111(2008).

[57] L. Tapaszto, G. Dobrik, P. Lambin, L.E Biro, Tailoring the atomic structure of graphene nanoribbons by scanning tunneling microscope lithography, *Nat. Nanotechnol.* 3, 397-401 (2008).

[58] L.C. Venema, J.W.G. Wildoer, H.L.J.T. Tuinstra, C. Dekker, A.G. Rinzler, R.E. *Smalley*, Length control of individual carbon nanotubes by nanostructuring with a scanning tunneling microscope, *Appl. Phys. Lett.* 71, 2629-2631 (1997).

[59] B. Standley, W. Bao, H. Zhang, J. Bruck, C.N. Lau, M. Bockrath, Graphene based atomic scale switches, *Nano Lett.* 8, 3345-3349(12008).

[60] L. Weng, L. Zhang, Y.P. Chen, L.P. Rokhinson, Atomic force microscope local oxidation nanolithography of graphene, *Appl. Phys. Lett.* 93, 093107 (2008).

[61] M.D. Fischbein, M. Drndi, Electron beam nanosculpting of suspended graphene sheets, *Appl. Phys. Lett.* 93, 113107(2008).

[62] S.S. Datta, D.R. Strachan, S.M. Khamis, A.T.C. Johnson, Crystallographic etching of few-layer graphene, *Nano Lett.* 8, 1912-1915 (2008).

[63] L. Ci, Z. Xu, L. Wang, W. Gao, E Ding, K. Kelly, B. Yakobson, P. Ajayan, Controlled nanocutting of graphene, *Nano Res.* 1, 116-122 (2008).

[64] A. Meller, L. Nivon, D. Branton, Voltage-driven DNA translocations through a nanopore, *Phys. Rev. Lett.* 86, 3435-3438 (2001).

[65] A. Storm, C. Storm, J. Chen, H. Zandbergen, J. Joanny, C. Dekker, Fast DNA translocation through a solid-state nanopore, *Nano Lett.* 5, 1193-1197 (2005).

[66] J. Chauwin, G. Oster, B.S. Glick, Strong precursor-pore interactions constrain models for mitochondrial protein import, *Biophys. J.* 74, 1732-1743 (1998).

[67] S. Ghosal, Electrokinetic flow induced viscous drag on a tethered DNA inside a nanopore, *Phys. Rev. E* 76, 061916 (2007).

[68] J. Zhang, B.I. Shklovskii, Effective charge and free energy of DNA inside an ion channel, *Phys. Rev. E* 75, 021906 (2007).

[69] T. Hu, B.I. Shklovskii, Theory of DNA translocation through narrow ion channels and nanopores with charged walls, *Phys. Rev. E* 78, 032901 (2008).

[70] G. Sigalov, J. Comer, G. Timp, A. Aksimentiev, Detection of DNA sequences using alternating electric field in a nanopore capacitor, *Nano Lett.* 8, 56-63 (2008).

[71] J.S. Bunch, A.M. Van der Zande, S.S. Verbridge, I.W. Frank, D.M. Tanenbaum, J.M. Parpia, et al., Electromechanical resonators from graphene sheets, *Science* 315,490-493 (2007).

[72] J. Lagerqvist, M. Zwolak, M. Di Ventra, Comment on "Characterization of the tunneling conductance across DNA bases," *Phys. Rev. E* 76, 013901 (2007).

[73] M.E. Gracheva, A. Aksimentiev, J. Leburton, Electrical signatures of single-stranded DNA with single base mutations in a nanopore capacitor, *Nanotecbnology* 17, 3160-3165 (2006).

[74] M.E. Gracheva, A. Xiong, A. Aksimentiev, K. Schulten, G. Timp, J.p. Leburton, Simulation of the electric response of DNA translocation through a semiconductor nanopore-capacitor, *Nanotechnology* 17, 622-633 (2006).

[75] M.J. Allen, V.C. Tung, R.B. Kaner, Honey comb graphene: A review of graphene, *Chem. Rev.* 110, 132 (2010).

[76] X. Wang, L.J. Zhi, K. Mullen, Transparent, conductive electrodes for dye sensitized solar cells, *Nano Lett.* 8, 323-327 (2008).

[77] G. Eda, G. Fanchini, M. Chhowalla, Large-area ultrathin films of reduced graphene oxide as a transparent and flexible electronic material, *Nat. Nanotechnol.* 3, 270-274 (2008).

[78] G. Eda, Y.Y. Lin, S. Miller, C.W. Chen, W.F. Su, M. Chhowalla, Transparent and conducting electrodes for organic electronics from reduced graphene oxide, *Appl. Phys. Lett.* 92, 233305 (2008).

[79] M.D. Stoller, S. Park, Y. Zhu, J. An, R.S. Ruoff, Graphene based ultraca-pacitors, *Nano Lett.* 8, 3498-3502 (2008).

[80] R. Kotz, M. Carlen, Principles and applications of electrochemical capaci-tors, *Electrochim. Acta* 45, 2483-2498 (2000).

[81] A. Burke, Ultracapacitors: why, how, and where is the technology *J. Power Sources* 91, 37-50 (2000).

[82] Basic Research Needs for Electrical Energy Storage.. Report of the Basic Energy Sciences Workshop on Electrical Energy Storage; April 2-4, 2007. Office of Basic Energy Sciences, Department of Energy, Washington, DC, July 2007.

[83] A.G. Pandolfo, A.F. Hollenkamp, Carbon properties and their role in super-capacitors, *J. Power Sources* 157, 11-27(2006).

[84] S Stankovlc , D.A. Dikin, G.H.B. Dommett, K.M. Kohlhaas, E.J. Zinmey, E.A. Stach, R.D. Piner, S.T. Nguyen, R.S. Ruoff, Graphene-based composite materials, *Nature* 442, 282-286 (2006).

[85] A.K. Geim, P. Kim, Carbon wonderland, *Sci. Am.* 298, 90-97(2008).

[86] R. Ruoff, Calling all chemists, *Nat. Nanotechnol.* 3, 10-11 (2008).

[87] S. Stankovich, R.D. Piner, X.Q. Chen, N.Q. Wu, S.T. Nguyen, R.S. Ruoff, Stable aqueous dispersions of graphitic nanoplate-lets via the reduction of exfoliated graphite oxide in the presence of poly(sodium 4-styrenesulfonate), *J. Mater. Chem* 16, 155-158 (2006).

[88] D. Li, M. Muller, S. Gilje, R. Kaner, G. Wallace, Processable aqueous dis-persions of graphene nanosheets, *Nat. Nanotecbnol.* 3, 101-105 (2008).

[89] D.A. Dikin, Preparation and characterization of graphene oxide paper, *Na-ture* 448, 457-460 (2007).

[90] S. Park, K.S. Lee, G. Bozoklu, W. Cai, S.T. Nguyen, R.S. Ruoff, Graphene oxide papers modified by divalent ions Enhancing mechanical properties via chemical cross-linking, *ACS Nano* 2, 572-578 (2008).

[91] S. Stankovlch, D.A. Dikin, G.H.B. Dommett, K.M Kohlhaas, E.J. Zimney, E.A. Stach, et al., Graphene-based composite materials, *Nature* 442,282-286 (2006).

[92] S. Watcharotone D.A. Dikin, S. Stankovich, R. Piner, I. Jung G.H.B. Dom-mett, et al, Graphene-silica composite thin films as transparent conductors, *Nano. Lett.* 7, 1888-1892 (2007).

[93] V. Khomenko, E. Frackowiak, F. Beguin, Determination of the specific capacitance of conducting polymer/nanotubes composite electrodes using different cell configurations, *Electrochim. Acta* 50, 2499-2506 (2005).

[94] G. Lota, T.A. Centeno, E. Frackowiak, F. Stoeckli, Improvement of the structural and chemical properties of a commercial activated carbon for its application in electrochemical capacitors, *Electrochim. Acta* 53, 2210-2216 (2008).

[95] S. Stankovich, R.D. Piner, S.T. Nguyen, R.S. Ruoff, Synthesis and exfoliation of isocyanate-treated graphene oxide nanoplatelets, *Carbon* 44, 3342-3347 (2006).

[96] M. Winter, R.J. Brodd, What are batteries, fuel cells, andsupercapacitors *Chem. Rev.* 104, 4245-4269 (2004).

[97] X. Yu, S. Ye, Recent advances in activity and durability enhancement of Pt/C catalytic cathode in PEMFC Part II: Degradation mechanism and durability enhancement of carbon supported platinum catalyst, *J. Power Sources* 172, 145-154 (2007).

[98] K. Gong, EDu, Z. Xia, M. Dustock, L. Dai, Nitrogen-doped carbon nanotube arrays with high electrocatalytic activity for oxygen reduction, *Science* 323, 760-764 (2009).

[99] Smithsonian Institution, Alkali Fuel Cell History, 2001. http:// americanhistory, si. edu/ fuelcells/alk/alk3, htm.

[100] J. Zhang, K. Sasaki, E. Sutter, R.R. Adzic, Stabilization of plati-num oxygen-reduction electrocatalysts using gold clusters, *Science* 315, 220-222 (2007).

[101] J. Yang, D.J. Liu, N.N. Kariuki, L.X. Chen, Aligned carbon nanotubes with built-in FeN4 active sites for electrocatalytic reduction of oxygen, *Chem. Cbmmun.* 329-331 (2008).

[102] B. Winther-Jensen, O. Winther-Jensen, M. Forsyth, D.R. MacFarlane, High rates of oxygen reduction over a vapor phase-polymerized PEDOT electrode, *Science* 321,671-674(2008).

[103] J.P. Collman, N.K. Devaraj, R.A. Decreau, Y. Yang, Y.L. Yan, W. Ebina, T.A. Eberspacher, C.E.D.A. Chidsey, Cytochrome coxidase model catalyzes oxygen to water reduction under rate-limiting electron flux, *Science* 315, 1565-1568 (2007).

[104] L. Qu, Y. Liu, J.B. Baek, L. Dai, Nitrogen-doped graphene as efficient metal-free electrocatalysts for oxygen reduction in fuel cells, *ACS Nano* 4, 1321-1326 (2010).

[105] K.S. Kim, Y. Zhao, H. Jang, S.Y. Lee, J.M. Kim, K.S. Kim, et al., Large-scale pattern growth of graphene films for stretchable transparent electrodes, *Nature* 457, 706-710 (2009).

[106] A. Reina, X. Jia, J. Ho, D. Nezich, H. Son, V. Bulovic, et al., Large area few-layer graphene films on arbitrary substrates by chemical vapor deposition, *Nano Lett.* 9, 30-35 (2009).

[107] A.C. Ferrari, J.C. Meyer, V. Scardaci, C. Casiraghi, M. Lazzeri, E Mauri, et al., Raman spectrum of graphene and grapheme layers, *Phys. Rev. Lett.* 97, 187401 (2006).

[108] Y. Baskin, L. Meyer, Lattice constants of graphite at low temperatures, *Phys. Rev.* 100, 544 (1955).

[109] Y. Xie, P.M.A. Sherwood, Ultrahigh purity graphite electrode by core level and valence band XPS, *Surf. Sci. Spectra* 1,367-372 (1993).

[110] Q. Chen, L. Dai, M. Gao, S. Huang, A. Mau, Plasma activation of carbon nanotubes for chemical modification, *J. Phys. Chem. B* 105, 618-622 (2001).

[111] X. Wang, X. Li, L. Zhang, Y. Yoon, P.K. Weber, H. Wang, et al., N-Doping of graphene through electrothermal reactions with ammonia, *Science* 324, 768-771 (2009).

[112] D. Wei, Y. Liu, Y. Wang, H. Zhang, L. Huang, G. Yu, Synthesis of N-doped graphene by chemical vapor deposition and its electrical properties, *Nano Lett.* 9, 1752-1758(2009).

[113] P.G. Collins, K. Bradley, M. Ishigami, A. Zettl, Extreme oxygen sensitivity of electronic properties of carbon nanotubes, *Science* 287, 1801-1804 (2000).

[114] Z. Yang, Y. Xia, R. Mokaya, Aligned N-doped carbon nanotube bundles prepared via CVD using zeolite substrates, *Chem. Mater.* 17, 4502-4508 (2005).

[115] S.Y. Kim, J. Lee, C.W. Na, J. Park, K. Seo, B. Kim, N-Doped double-walled carbon nanotubes synthesized by chemical vapor deposition, *Chem. Phys. Lett.* 413, 300-305 (2005).

[116] S. Maldonado, K.J. Stevenson, Direct preparation of carbon nanofiber electrodes via pyrolysis of iron(II) phthalocyanine: Electrocatalytic aspects for oxygen reduction, *J. Phys. Chem. B* 108, 11375-11383 (2004).

[117] E.H. Yu, K. Scott, R.W. Reeve, Electrochemical reduction of oxygen on carbon supported Pt and Pt/Ru fuel cell electrodes in alkaline solutions, *Fuel Cells* 3, 169-176 (2003).

[118] K.S. Novoselov, D. Jiang, E Schedin, T.J. Booth, V.V. Khotkevich, S.V. Morozov, A.K. Geim, Two dimensional atomic crystals, *Proc. Natl. Acad. Sci. USA* 102, 10451-10453 (2005).

[119] J.C. Meyer, A.K. Geim, M.I. Katsnelson, K.S. Novoselov, T.J. Booth, S. Roth, The structure of suspended grapheme sheets, *Nature* 446, 60-63 (2007).

第 6 章
石墨烯基材料的光激发和光电应用

6.1 简介

在石墨烯问世的几十年前, 人们就从理论上预测石墨烯具有非常高的载流子迁移率和双极性场效应[1-2]。在这种预测的牵引下, 早期的实验就是采用光蚀刻技术来机械剥离形成石墨烯片[3-4]。采用这些石墨烯样品开展多次试验后, 研究人员坚信, 石墨烯将是新一代半导体器件的绝佳材料。石墨烯所具有的非凡电子特性可以归因于其二维晶格的优异品质[5-7]。这种优异品质对应着极低的缺陷密度, 这些缺陷通常是抑制电荷输运的散射中心。

据 Kim 等人的报道, 单层机械剥离石墨烯的载流子迁移率超过 $200000 \ cm^2 \cdot V^{-1} \cdot s^{-1}$ (图 6.1)[8]。此外, 在实验中, 他们通过在通道下部蚀刻的方法形成完全悬浮在黄金触点之间的石墨烯, 从而刻意减少基底诱导散射作用。当载流子达到如此高的迁移速率时, 在室温、微米尺度下, 电荷输运基本上是符合弹道学原理的。这对半导体行业具有重要意义, 因为从理论上讲, 它能够实现全弹道式器件的制造, 哪怕是制造当前集成电路 (integrated circuit, IC) 那种通道长度 (低至 45 nm) 的器件。

石墨烯中电荷输运的另一个重要特性是它的双极性。在场效应作用下, 通过施加所需要的栅偏压, 可以实现载流子在空穴和电子之间连续调谐。因石墨烯具有独特的能带结构, 这种调谐作用显得很直观 (图 6.2)[9]。在负栅压下, 费米能级降到狄拉克点之下, 使价带中产生大量空穴。在正栅压下, 费米能级升高到狄拉克点之上, 促使大量电子进入导带。这种现象不仅激发了学术热情, 还有望获得真正意义上的双极性半

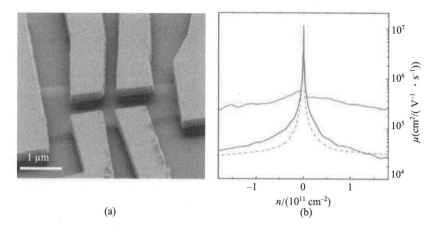

(a)　　　　　　　(b)

图 6.1　将基底诱导散射作用最小化后,悬浮石墨烯表现出极高的载流子迁移率。(a) 蚀刻后悬浮石墨烯片的 SEM 照片。(b) 场效应测量结果表明其载流子迁移率大于 200000 cm² · V⁻¹ · s⁻¹。(经授权引自 K.I. bolotin, K.J. Sikes, Z. Jiang, M. Klima, G. Fudenberg, J. Hone, et al., *Solid State Commun.* 146, 351–355, 2008. Copyright 2008 Elsevier.)

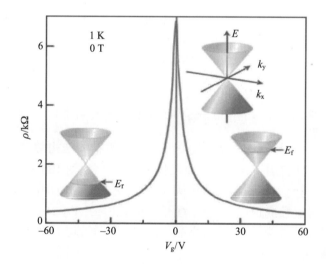

图 6.2　石墨烯中的价带结构以及相应的双极性场效应示意图。在没有外部场的作用下,导带和价带在狄拉克点重合。在栅偏压作用下,费米能级向高于或低于狄拉克点移动,引发大量自由载流子。(经授权引自 A.K. Geim, K.S. Novoselov, *Nat. Mater.* 6, 183–191, 2007. Copyright 2007 Nature Publishing Group)

导体,使人们可以制造出大量新型元器件。这些元器件与硅逻辑器件存在着根本性的不同,因为掺杂水平可以完全由门控作用来动态控制。通过施加片刻的局部栅偏压至同一片层的不同部分, 可以形成结点, 甚至可以形成更复杂的逻辑。同时, 调整偏压可以完全重新定义器件而无需对材质通道进行任何物理改变。

尽管石墨烯仅有一个原子厚度, 但它表现出了优异的光学性能, 并且能够光学可见[10-12]。其透光率 T 可以根据精细结构常数来表述[13]。狄拉克电子的线性色散作用使得石墨烯可在较宽波段范围内应用。发生泡利阻塞时可以观察到饱和吸收现象[14-15], 而非平衡载流子会引起热发光现象[16,18]。化学和物理处理也可导致发光[19-22]。所有这些性质使石墨烯成为了理想的光子和光电子材料。Ferrari 等人[11] 详细综述了石墨烯的光子学和光电子学现象。

6.2 线性光吸收

光学图像对比度可用于识别位于 Si/SiO$_2$ 基底上的石墨烯 (图 6.3(a))[12]。以 SiO$_2$ 作为垫片, 根据干涉光的大小可以判断石墨烯层数的多少。通过调整垫片的厚度或入射光波长可将对比度调到最大[10,12]。应用菲涅耳公式 (仅适用于具有固定光学传导常数 $G_0 = e^2/(4\hbar) \approx 6.08 \times 10^{-5} \ \Omega^{-1}$ 的薄膜材料) 可以推导出独立单层石墨烯的透光率如下:

$$T = (1 + 0.5\pi\alpha) - 2 \approx 1 - \pi\alpha \approx 97.7\% \qquad (6.1)$$

式中: $\alpha = e^2/(4\pi\varepsilon_0\hbar c) = G_0/(\pi\varepsilon_0 c) \approx 1/137$ 为精细结构常数。在可见光区, 石墨烯仅反射了不到 0.1% 的入射光[11,13], 当达到 10 层时该值上升至约 2%[12]。因此, Ferrari 等人[11] 认为, 在可见光光谱范围内, 石墨烯的光学吸收率与层数成正比, 每层石墨烯的吸光率为 $A \approx 1 - T \approx \pi a \approx 2.3\%$ (图 6.3(b))。在少数层石墨烯样品中, 每层石墨烯均可看作是一个二维电子气体, 相邻层之间的干扰极少, 使其在光学上近似于一个非相互作用单层石墨烯的叠加[12]。单层石墨烯的吸收光谱在 300 ~ 2500 nm 范围内相当平坦, 而在紫外区域 (约 270 nm 处) 有一个峰值, 这是因为石墨烯态密度的激子漂移范霍夫奇点造成的。在少数层石墨烯中, 在低能带范围内可观察到其他吸收特性, 这与带间跃迁有关[23-24]。

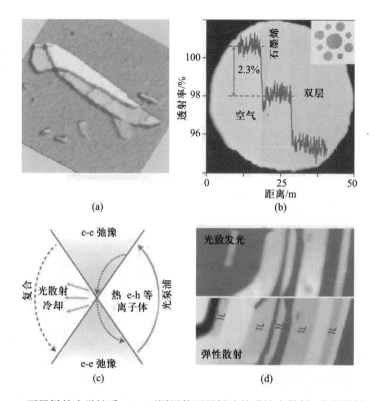

图 6.3 石墨烯的光学性质。(a) 不同层数石墨烯片的弹性光散射 (瑞利散射) 照片 (经授权引自 C. Casiraghi, A. Hartschuh, E. Lidorikis, H. Qian, H. Harutyunyan, T. Gokus, et al., *Nano Lett.* 7, 2711–2717, 2007. Copyright 2007 ACS)。(b) 透光率随层数 的增加而变化。内插图为文献 [13] 中的试验样本，为一个带有若干小孔的厚金属支撑 结构，石墨烯片被放置于其顶部。(经授权引自 Y. Zhang, J.W. Tan, H.L. Stormer, P. Kim, *Nature* 438, 201–204, 2005. Copyright 2008 AAAs)。(c) 石墨烯中的光激发电子动 力学示意图，其中，对于非平衡电子分布情况可能存在弛豫机制 (经授权引自 Z. Sun, T. Hasan, F. Torrisi, D. Popa, G. Privitera, F. Wang, F. Bonaccorso, D.M. Basko, A.C. Ferrari, *ACS Nano* 4, 803–810, 2010. Copyright 2010 ACS)。(d) 经过氧气处理后石墨 烯片的光致发光 (上图) 和弹性散射 (下图) 图像，其中，1L 表示单层石墨烯 (经授权 引自 T. Gokus, R.R. Nair, A. Bonetti, M. Bohmler, A. Lombardo, K.S. Novoselov, et al., *ACS Nano* 3, 3963–3968, 2009. Copyright 2009 ACS)

6.3 饱和吸收

超快光脉冲导致的带间激发会在价带和导带中产生一批非平衡载 流子 (图 6.3(c))[11]。在时间分辨实验[25] 中，通常可以看到两种弛豫时间尺度: 一种较快 (约 100 fs), 通常与载流子–载流子带内碰撞和声子发射有关; 一种较慢 (皮秒级), 则与电子的带间弛豫和热声子冷却过程有关[26–28]。狄拉克电子的线性色散作用意味着对于任何一个激发过程, 总是会有一个共振的电子–空穴对。电子–空穴动力学的量化处理过程需要求解包含电子分布函数 [fe(p)] 和空穴分布函数 [fh(p)] 的动力学方程, 其中 p 为根据狄拉克点计算出的动量[15]。如果弛豫时间比脉冲持续时间短, 则电子在脉冲期间达到稳态, 碰撞使电子和空穴在某一有效温度下达到热平衡状态[15]。载流子的数量可以决定电子和空穴的密度、总能量密度以及每一层光子吸收的衰减量 (由泡利阻塞作用造成, 其系数为 $\Delta A/A = [1 - fe(p)][1 - fh(p)] - 1$)。假设载流子–载流子之间弛豫过程 (包括带内和带间) 很高效且石墨声子的冷却过程也很高效, 那么主要的控制步骤是从电子到声子的能量转移过程[15]。对于狄拉克点附近的线性色散作用, 载流子对之间的碰撞不会导致带间弛豫, 从而使电子和空穴的总数守恒[15,29]。仅当电子和空穴能量接近于狄拉克点 (在声子能量范围内) 时, 才能发生因声子发射造成的带间弛豫作用。也有人提出存在热电子–空穴的辐射复合作用[16–18]。对于石墨片, 色散作用是二阶的, 并且载流子对之间的碰撞可能会导致带间弛豫[11]。理论上讲, 对于指定数量的材料而言, 解耦的单层石墨烯具有最高的饱和吸收值[15]。

6.4 发光

可以通过诱导带隙作用使石墨烯发光, 遵循两种主要的途径: 一是将其切割成纳米带和量子点; 二是通过化学或物理处理减少 π 电子网络的连贯性。尽管已经制备出了具有不同带隙的石墨烯纳米带[30], 但是至今尚无有关它们光致发光的报道。然而, 氧化石墨烯块的分散体及固体均表现出广泛的光致发光特性[20–22,31]。单张石墨烯片可以通过温和的氧等离子体处理而发出明亮的光[19], 这种方法产生的光致发光在很大面积上是均匀的, 如图 6.3(d) 所示, 该图还对光致发光和相应的弹性散射图像进行了比较。仅对顶层进行蚀刻而不触及底层可以产生杂化结构[19]。光致发光层和导电层组合后可用于夹层式发光二极管 (light-emitting diodes, LED) 的制备。石墨烯基发光材料目前已经可以进行程序化生产, 其发光范围覆盖红外线、可见光和蓝色光谱[19–22,31]。虽然有些研究团队把氧化石墨烯的光致发光归因于电子约束 sp^2 轨道的带隙发光[20-22]，但这更可能是与氧相关的缺陷态造成的[19]。无论是何起因，荧光有机化合物对于低成本光电子器件的发展是很重要的[32]。芳香族分子或者烯烃分子发出的蓝色光在显示和照明方面的应用尤为重要[33]。

发光量子点被广泛地用于生物标记和生物成像。然而，由于它们具有毒性和潜在的环境危害，限制了其普遍推广使用和活体应用。此时，生物相容的碳基纳米荧光材料可能是更为合适的选择。在红外和近红外范围内发光的荧光物质在生物应用方面非常实用，因为细胞和组织在这个范围内很少会自发产生荧光[34]。Sun 等人利用光致发光氧化石墨烯在几乎无背景的条件下对活细胞进行了近红外成像[21]。Wang 等人报道了在双层石墨烯中存在一个高达 250 meV 的门控可调谐带隙[23]。利用这些研究成果可以制备出新型的用于远红外发生、放大和检测的器件。

最近有研究团队报道，将未处理过的石墨烯层进行非平衡激发，有可能产生宽带非线性光致发光现象 (图 6.3(c))[16-18]。与传统光致发光过程相比，激发产生的光辐射发生在整个可见光谱范围内，能量既可以高于激发光，又可以低于激发光[16-18]。宽带非线性光致发光是热电子及空穴分布辐射复合的结果，是光激发后光生载流子之间的快速散射效应所产生的[16-18]，它们的温度取决于强耦合光学声子之间的相互作用[17]。发光强度与层数有关，可作为一种定量成像工具使用，也可用于揭示热电子–空穴等离子体的动力学过程[16-18] (图 6.3(c))。根据法拉利等人的研究[11]，对于氧气诱导发光过程，有必要开展深入研究来充分解释热发光现象。最近，有报道说原始石墨烯也可产生电致发光[36]，然而，其能量转换效率低于碳纳米管 (CNTs)，该研究成果将引领完全基于石墨烯的新型光发射器件的发展[11]。

6.5 透明导体

光电子器件，例如显示器、触摸屏、发光二极管和太阳能电池等，均需要具有较低面电阻 R_s 和较高透明度的材料。在薄膜中，$R_s = \rho/t$，其中 t 为薄膜厚度，$\rho = 1/\sigma$ 是电阻率，σ 为直流电导率。对于长度为 L，宽度为 W 的矩形材料，其电阻为

$$R = \rho/t \cdot L/W = R_s \cdot L/W \tag{6.2}$$

参数 L/W 可以看作是能够不重叠地放置于电阻之上、边长为 W

的正方形的数量。因此, 即使 R_s 的单位为欧姆 (和 R 一样), 但仍沿用历史所用单位 "欧姆每方" ($\Omega/\square$)。目前所用透明导体是基于掺杂有氧化铟 (In_2O_3)[38]、氧化锌 (ZnO)[39]、氧化锡 (SnO_2)[37], 以及它们组合而成的三元化合物[37,39,40] 的半导体。主要材料是铟锡氧化物 (indium tin oxide, ITO), 掺杂的 N 型半导体由约 90% 的 In_2O_3 和约 10% 的 SnO_2 组成[37]。

ITO 的电学和光学特性受纯度的影响非常大[37]。锡原子为 N 型供体[37]。由于带间跃迁作用, ITO 在 4 eV 以上时具有很强的吸收能力, 在较低能量条件下所具有的其他特性与锡原子或晶界的自由电子散射有关[37]。市售 ITO 的透光率大约为 80%, 在玻璃 72 上的 R_s 值低至 $10\Omega/\square$, 在聚对苯二甲酸乙二醇酯上的 R_s 值约为 $60 \sim 300\Omega/\square$[40]。注意, T 值通常采用的是波长为 550 nm 处的透光率, 因为在该波长处, 人眼的光谱响应值最高[37]。ITO 具有很大的局限性: 由于铟的稀缺导致价格持续增长[37]、处理要求高、成型困难[37,40] 和对酸碱性环境敏感。此外, 它比较脆, 当涉及弯曲使用时 (例如触摸屏和柔性显示器), 它很容易脱落或者破裂。

因此, 需要发展具有改进性能的新型透明导体材料。人们曾采用金属网栅[42]、金属纳米线[43] 或者其他金属氧化物[40] 作为替代品。碳纳米管和石墨烯也表现出极好的前景, 尤其是石墨烯膜, 它在较宽的波长范围内比单壁碳纳米管膜[44-46]、薄金属膜[42,43] 和 ITO[37,39] 具有更高的透光率, 从而被广泛优选用于透明导体中[11]。

6.6　光伏器件

光伏电池可将光能转换为电能[47]。能量转换效率为 $\eta = P_{max}/P_{inc}$, 其中 $P_{max} = V_{oc} \times I_{sc} \times FF$, P_{inc} 表示入射光功率。I_{sc} 为最大短路电流, V_{oc} 是最大开路电压, FF 是填充因子, 其定义为 $FF = (V_{max} \times I_{max})/(V_{oc} \times I_{sc})$, 其中 V_{max} 和 I_{max} 分别是最大电压和电流[11]。吸收光子转换成电流的比例定义为内部光电流转换效率。光伏技术主要采用硅电池[47], 转换效率 η 最高可以达到约 25%[48]。有机光伏电池依靠聚合物进行光吸收和电荷输运[49]。虽然它们的 η 值较低, 但与硅电池相比可以节约制造成本 (例如, 可采用卷对卷工序进行制造)[50]。有机光伏电池由透明导体、光活性层和电极组成[49]。

染料敏化太阳能电池使用液体电解质作为电荷输运介质[51]。这种类型的太阳能电池中含有一个高孔隙率纳米晶体光电阳极 (由 TiO_2 和染料分子构成, 二者均沉积在透明导体上)[51]。当受到光照射时, 染料分子捕获入射光子, 产生电子–空穴对。电子被注入到 TiO_2 的导带中, 然后被输送到相对的电极[51,52]。染料分子通过从液体电解质捕获电子实现再生。

目前, ITO 是光电阳极和阴极最常用的材料, 其中阴极表面带有铂涂层。石墨烯用于光伏器件可以实现多种功能: 作为透明导体的窗口、光活性材料、电荷输运通道以及催化剂。用石墨烯制造的透明导电膜 (graphene-based transparent conductive films, GTCF) 可以在无机的 (图 6.4(a))、有机的 (图 6.4(b)) 以及染料敏化的 (图 6.4(c)) 太阳能电池器件中用作窗口电极。Wang 等人通过化学合成法制备了 GTCFs, 其光电转换效率 $\eta \approx 0.3\%$[53]。当使用还原氧化石墨烯时, 尽管透光率较低 (55% 而不是 80%), 但其转换效率 η 更高, 约为 0.4%, 其 R_s 为 1.6 $k\Omega/\square$ 而不是 5 $k\Omega/\square$[53]。De Arco 等使用化学气相沉积法制备的石墨烯作为透明导体, 获得了更好的性能 ($\eta \approx 1.2\%$), 其中 $R_s = 230\ \Omega/\square$, $T = 72\%$[54]。从当前最好的 GTCF 所表现出的性能来看, 进一步优化 GTCF 是完全有可能的[55]。氧化石墨烯分散体也可用于本体异质结光伏器件, 以 3-己基噻吩聚合物作为电子受体, 3-辛基噻吩聚合物作为电子供体, 转换效率 $\eta \approx 1.4\%$[56]。Yong 等人声称, 用石墨烯作为光敏材料时, 转换效率 η 有可能实现大于 12%[57]。

石墨烯在染料敏化太阳能电池中可以实现更多功能。石墨烯可以掺入纳米结构的 TiO_2 光电阳极以提升电荷输运速率, 防止电子和空穴的复合, 从而提高内部光电流效率[58]。Yang 等人使用石墨烯作为 TiO_2 桥接物, 实现了更快的电子传输和更低的复合率, 光电转换率 $\eta \approx 7\%$, 高于他们在相同实验条件下使用常规 TiO_2 纳米晶体光电阳极获得的转换率[58]。另一种方式是利用石墨烯的高比表面积来代替铂反电极。采用一种杂化的 3, 4-亚乙二氧基噻吩聚合物: 苯乙烯磺酸聚合物 (PEDOT: PSS)/氧化石墨烯这种杂化的复合物作为反电极, 可以实现 $\eta = 4.5\%$, 虽然在相同条件下测出铂反电极的 η 可达到 6.3%, 但目前为止这种杂化聚合物材料更加便宜[59]。

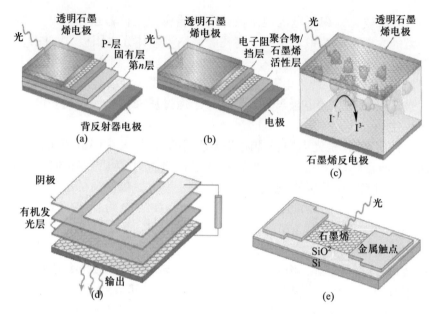

图 6.4 基于石墨烯的光电子学原理图。(a) 无机太阳能电池示意图。(b) 有机太阳能电池示意图。(c) 染料敏化太阳能电池示意图。I^-、I^{3-} 分别是碘化物和三碘化物。I^- 和 I^{3-} 离子把电子传递给氧化的染料分子，从而形成光电阳极和反电极之间的内部电化学回路。(d) 有机发光二极管 (light-emitting diode, LED) 示意图。圆柱表示所施加的电压。(e) 光电探测器示意图。(经授权引自 F. Bonaccorso, Z. Sun, T. Hasan, A.C. Ferrari, *Nat. Photonics* 4, 611–622, 2010)

6.7 光发射器件

有机发光二极管 (organic light-emitting diodes, OLED) 有一个电致发光层介于两个电荷注入电极之间，其中至少有一个电极是透明的[60]。在这些二极管中，空穴从阳极被注入到聚合物的最高占据分子轨道 (highest occupied molecular orbital, HOMO) 上，电子从阴极被注入到最低空置分子轨道 (lowest unoccupied molecular orbital, LUMO) 上。在有效注入时，阳极和阴极的功函数应该与发光聚合物的 HOMO 和 LUMO 相匹配[60]。由于成像质量高、能耗低以及器件结构超薄，有机发光二极管可应用于超薄电视和其他显示屏幕，如计算机监视器、数码相机和移动电话等。通常，ITO 被用作透明导电膜，其功函数约为 $4.4 \sim 4.5$ eV。除了成本因素外，ITO 很脆，作为柔性基片使用时存在局限性[40]，此外，随着时间的推移，铟会扩散到活性 OLED 层，这会降低器件的性能[37]。

因此, 需要一种可供替代的透明导电薄膜 (transparent conductive films, TCF), 它应当具有与 ITO 相近的光学和电学性能, 但同时又克服了 ITO 所具有的缺点。

石墨烯具有 4.5 eV 的功函数, 类似于 ITO。这一点, 加上其可作为灵活、廉价的透明导电膜, 使之成为有机发光二极管阳极 (图 6.4(d)) 以及进一步解决铟扩散问题的理想选择。GTCF 阳极可以获得与 ITO 相当的外耦合率[60]。根据 Wu 等人[60] 的研究结果 (光波长为 550 nm 时, R_s、T 分别为 800 Ω/□、82%[60-61]), 可以合理地预测出, 通过进一步的优化作用能够提高器件性能。

Matyba 等[62] 在一个发光电化学电池中使用了氧化石墨烯基透明导电薄膜 (graphene-oxide based transparent conductive films, GOTCF)。与有机发光二极管相似, 在这种器件中, 发光聚合物是与电解质相混合的[61]。当在电极之间施加电压时, 电解液中的可移动离子将会重新排列, 在每个电极界面处形成高密度电荷层, 无论电极的功函数如何, 这些电荷层均允许电子和空穴高效且均衡地注入[61]。

通常, 电池至少具有一个金属电极。电化学副反应以及电极材料本身会导致使用寿命和效率方面的问题[62], 这也阻滞了柔性器件的发展。因此, 石墨烯是克服这些问题的理想材料。Matyba 等[62] 展示了一种完全基于色散加工碳基材料的发光电化学电池, 使发展全有机、低电压、廉价以及高效的发光二极管成为可能。

6.8 光电探测器

光电探测器通过将所吸收光子能量转换成电流来测量光通量或光功率[11]。它们被广泛用于各种常见的传感器[63], 如遥控器、电视机和 DVD 播放器等。有研究人员针对内部光电效应开展了更为深入的探索, 内部光电效应是光子吸收导致载流子从价带激发到导带从而输出电流的过程。光谱的带宽通常受到材料吸收率的限制[63]。例如, 基于 IV 和 III～V 族半导体的光电探测器受到长波限制, 因为当入射光能量小于带隙时, 这种材料就变得透明了[63]。石墨烯可以吸收从紫外到太赫兹范围的光谱[64,65], 所以石墨烯基光电检测器 (graphene-based photodetectors, GPD, 见图 6.4(e)) 可以在更宽的波长范围内工作。响应时间取决于载流子迁移率[63]。石墨烯具有很高的载流子迁移率, 因此石墨烯基光电检测器可实现超快检测。

人们针对石墨烯的光电响应现象开启了广泛的理论和实践研究[66-70]。由于石墨烯具有超宽的吸收能带，人们期待它能实现更宽的光谱检测范围。Xia 等曾向人们展示了一个光电响应高达 40 GHz 的石墨烯基光电检测器[69]。

石墨烯基光电检测器的工作带宽主要受限于它们的时间常数，该常数可由器件电阻 R 和电容 C 计算得到。Xia 等人报道了一种受 RC 限制的带宽 (约 640 GHz)[69]，这和传统的光电探测器相当[71]。然而，光电探测器的最大可行工作带宽通常受限于它们的渡越时间，即光生电流的有限持续时间[63]。石墨烯基光电检测器受渡越时间限制的带宽可达到 1500 GHz 以上[69]，超越了当前最先进的光电探测器。虽然外部电场可以产生高效的光生电流，其电子–空穴的分离效率在 30% 以上[67]，可以利用金属–石墨烯电极界面附近形成的内部电场来实现无 "源–漏" 偏压和暗电流操作[69-70]。但是，内部电场的有效面积较小，会降低检测效率[69-70]，因为大部分所产生的电子–空穴对会离开电场，由此这些电子–空穴对更易发生复合而不是分离。迄今为止，有据可循的石墨烯基光电检测器的内部光生电流效率约为 15% ~ 30%[67-68]，外部响应值 (给定输入光功率时产生的电流值) 约为 6.1 mA·W^{-1}[70]，与当前光电探测器相比相对较低[63]。这主要是因为当只使用一张单层石墨烯时，光吸收作用有限，且光生载流子的寿命短、有效探测区域小 (约 200 nm)[71]。光热电效应，即利用光子能量转换成热能然后再转换成电信号的过程[63]，对于石墨烯器件中光生电流的产生起着重要作用[67,72]，因此，发展光热电效应的石墨烯基光电检测器是存在可能性的。

6.9 触摸屏

触摸屏是视觉输出端，可以检测显示区域内触摸动作的存在和位置，允许使用者与显示屏自身显示的东西之间发生物理交互作用[73]。目前，触控面板应用广泛，如蜂窝电话和数码相机，因为它们允许用户快速、直观并且准确地与显示内容进行互动。常见的触控面板有电阻式和电容式两类 (图 6.5(a))。电阻式触控面板由导电基板、液晶器件前置面板和透明导电薄膜 (TCF) 组成[73]。当受压时，液晶前置面板上的膜与底部透明导电薄膜接触，根据接触点的电阻值可以计算出接触点的坐标值。有两类电阻式触摸屏: 矩阵式和模拟式[73]。矩阵式拥有条纹电极, 而模拟式拥有成本较低的无图案透明导电电极。

电阻屏的透明导电薄膜的要求是: 550 nm 时, $R_s \approx 500 \sim 2000\Omega/\square$, $T > 90\%$[73], 同时应具有较好的机械性能, 包括耐脆性、耐磨性、较高的化学耐受性、无毒性, 以及生产成本较低等。成本、脆性、耐磨性和化学耐受性是 ITO 的主要限制因素[37,40], 因而 ITO 不能承受反复弯曲、猛戳以及与此类似的使用情况。所以, 对于电阻式触摸屏而言, 需要尽量找到一种可供替代的透明导体。GTCF 能满足电阻式触摸屏关于 T 值和 R_s 值的需要, 并在大面积上表现出很好的均匀性。Bae 等[55] 报道了一种石墨烯基触摸面板显示器 (图 6.5(b)), 这种显示器是将化学气相沉积石墨烯样品通过丝网印刷法制备的。根据模拟式电阻触摸屏所需具备的 R_s 值和 T 值, 通过液相剥离法 (liquid phase exfoliation, LPE) 制备的 GTCF 或 GOTCF 也是进一步降低成本的可行替代方案。

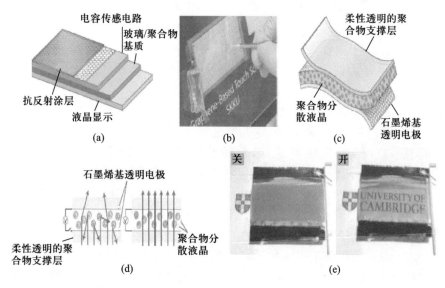

图 6.5　石墨烯触摸屏和智能窗。(a) 电容式触摸屏示意图。(b) 石墨烯基电阻式触摸屏。(c) 使用 GTCF 的聚合物分散液晶 (polymer-dispersed liquid-crystal, PDLC) 智能窗示意图。(d) 没有电压时, 液晶分子是杂乱的, 窗口不透明。(e) 在开 (右图) 或关 (左图) 状态下的石墨烯/碳纳米管智能窗。(图 6.5(a)、(c)、(d)、(e) 均经授权引自 F. Bonaccorso, Z. Sun, T. Hasan, A.C. Ferrari, *Nat. Photonics* 4, 611–622, 2010; 图 6.5(b) 经授权引自 S. Bae, H. Kim, Y. Lee, X. Xu, J.S. Park, Y. Zheng, et al., Roll-to-roll production of 30-inch graphene films for transparent electrodes, *Nature Nanotechnol.* 4, 574–578, 2010)

电容式触摸屏是作为高科技产品 (特别是自苹果手机的问世之后) 而出现的。这类触摸屏包括一个绝缘体 (如涂有 ITO 的玻璃)[73]。因为人体也是一种导体, 当触摸到屏幕表面时会导致电场变形, 这种变形可以根据电容的变化测量出来。虽然电容式触摸屏无需使用触摸笔来操作 (所需的机械压力与电阻式屏幕相比较低), 但如果使用 GTCF, 还能够进一步提高性能、降低成本。

6.10　柔性智能窗和双稳态显示器

20 世纪 80 年代, 开始出现了聚合物分散液晶 (polymer-dispersed liquid-crystal, PDLC) 器件[74-75]。它们由光学透明的聚合物薄膜组成, 该聚合物薄膜的孔隙内含有微米大小的液晶微滴。光线通过液晶/聚合物时发生强烈散射, 此时会变成乳白色膜。如果液晶的正常折射率接近于主体聚合物的折射率时, 聚合物薄膜在施加电场后会变成透明状态[41]。理论上讲, 当应用于无需高速切换的场合时, 任何类型的热致液晶均可以用于聚合物分散液晶器件。更确切地说, 从半透明到不透明的这种切换能力使它们在用于电控切换 "智能窗" 方面颇受关注, 当需要保护隐私时, 电控切换 "智能窗" 会被激活。

传统的负载于玻璃上的 ITO 是作为导电层将电场施加于 PDLC 两侧。然而, ITO 的成本较高, 这是智能窗占有市场能力有限的原因之一。而且, ITO 的柔韧性不足, 因而降低了其在诸如 PDLC 柔性显示器方面的应用潜力[41]。透明或彩色/有色智能窗一般需要 T 值达到 $60\% \sim 90\%$ 或更高, R_s 值达到 $100 \sim 1000\Omega/\square$, 这取决于生产成本、应用方向和制造商。除了柔韧性之外, 电极需要和窗口本身一样大, 而且必须具有长期的物理和化学稳定性, 以及能与卷对卷 PDLC 生产工艺兼容。液晶也可用于下一代零功率单色和彩色柔性双稳态显示器, 它无需消耗能量就能保留图像。它们在用于招牌、广告或电子阅读器方面颇受关注, 并需要一个透明的柔性导体用于图像切换。由于存在上述局限性, 当前的 ITO 器件不适宜于这些应用方向。ITO 电极的这些不足可以通过 GTCF 来克服。图 6.5(c) 和图 6.5(d) 展示了其工作原理, 图 6.5(e) 是以聚对苯二甲酸乙酯为基底的柔性智能窗模型。

6.11 可饱和吸收器和超快激光器

在大多数光子应用领域, 需要具有非线性光学和光电性能的材料[11]。能产生纳米级到亚皮秒级脉冲的激光光源是大多数激光制造商重点投资的元器件[11]。目前, 固态激光器选用的是短脉冲源, 应用范围从基础研究到材料加工, 从眼外科及印制电路板制造到计量和电子元件 (如电阻器和电容器) 的修整等[11]。不论波长如何, 大部分超快激光系统均使用锁模技术, 采用非线性光学元件 (也称为饱和吸收器) 把连续波输出变成一排超快光脉冲[76,77]。

对于非线性材料的主要要求是响应时间快、非线性强、波长范围宽、光学损耗低、功率容量高、能耗低、成本低, 并且易于集成到一个光学系统中。目前, 占主导地位的技术是半导体可饱和吸收镜[77]。然而, 它们调谐范围较窄, 并且需要复杂的制造和包装[14,77]。一种简单经济的替代方案是使用单壁碳纳米管[14,78], 其中通过直径来控制带隙从而控制工作波长。如果使用直径分布范围较宽的单壁碳纳米管, 宽带可调谐性是可以实现的[14,78]。然而, 工作在特定波长时, 不发生谐振作用的那部分单壁碳纳米管不起作用而且会造成不必要的损耗。

如前所述, 石墨烯中狄拉克电子的线性色散作用提供了一个理想的解决方案: 对于任何激发过程, 总有一个发生谐振的电子–空穴对。超快载流子动力学效应[25]加上较高的吸收能力和泡利阻塞效应, 使石墨烯成为理想的超宽带、快速的可饱和吸收器。不同于半导体可饱和吸收镜和单壁碳纳米管, 石墨烯不需要进行带隙操纵或手性/直径控制。到目前为止, 石墨–聚合物复合物[14,15,79−81]、化学气相沉积法生长的薄膜[82−83]、功能化的石墨烯 (例如键合了聚 (m–亚苯基乙烯撑–共 −2, 5–二辛烷氧基–P–亚苯基乙烯撑)) 的氧化石墨烯和还原氧化石墨烯片[84−85]已被用于超快激光器。石墨烯–聚合物复合材料可规模化生产, 更重要的是, 它们很容易集成到各种光电系统中[14,15,79]。

另一种集成石墨烯的方法是: 在所选择的基底 (如一个纤维芯或腔体反射镜) 上的预定位置来放置石墨烯。图 6.6(a) 展示了将这样一个薄片转移到光纤芯上的过程。这是利用聚甲基丙烯酸甲酯 (polymethylmethacrylate, PMMA)/石墨烯箔片和光纤之间的水层而实现的, 水层可以使 PMMA 移动。通过显微操作器 (图 6.6(b)) 将 PMMA/石墨烯箔片精确对准光纤芯, 然后溶解去除 PMMA 层 (图 6.6(c)), 最终可实现石墨烯器件的集成。

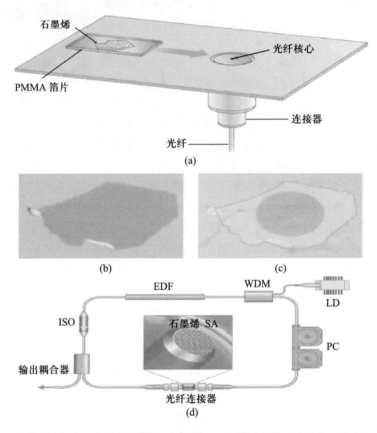

图 6.6　石墨烯集成于光纤激光器的示意图。(a) 光纤被安装到台架上。聚合物/石墨烯膜一旦从原始基底分离, 就会发生滑动并与光纤芯对准。(b) 最初沉积在 SiO_2/Si 上的石墨烯片。(c) 经过定位安放以及溶解去除聚合物层之后的同一张石墨烯片。(d) 石墨烯锁模超快激光器: 石墨烯可饱和吸收体被插入到两个光纤连接器之间。铒掺杂光纤 (erbium-doped fiber, EDF) 是增益介质, 由带有波分多路复用器 (wavelength-division multiplexer, WDM) 的激光二极管 (laser diode, LD) 泵浦。采用一个隔离器 (isolator, ISO) 保持单向操作, 采用一个偏振控制器 (polarization controller, PC) 来优化锁模结构。(经授权引自 F. Bonaccorso, Z. Sun, T. Hasan, A.C. Ferrari, *Nat. Photonics* 4, 611–622, 2010)

图 6.7(a) 展示了一个石墨烯激光器的典型吸收光谱[14−15,79]。由该图可看出, 除了有一个紫外特征峰外并无其他特征峰, 并且在长波段范围内主体聚合物的背景值较小。图 6.7(b) 为透光率 T 值在 6 种波长条件下随平均泵功率的变化。所有波长下 T 值均随功率增加而增加, 该

现象表明存在明显的饱和吸收作用。有多种方法可在激光腔体中集成石墨烯可饱和吸收器 (graphene saturable absorbers, GSA), 从而产生超快脉冲。最常见的是在两个带光纤适配器的光纤连接器之间夹上石墨烯可饱和吸收器, 其原理如图 6.6(d) 所示[14−15,79]。

也有报道称可将石墨烯放置于侧边抛磨光纤上, 其目的是通过倏逝场交互作用实现大功率输出[84−87]。在自由空间固态激光器中已采用了

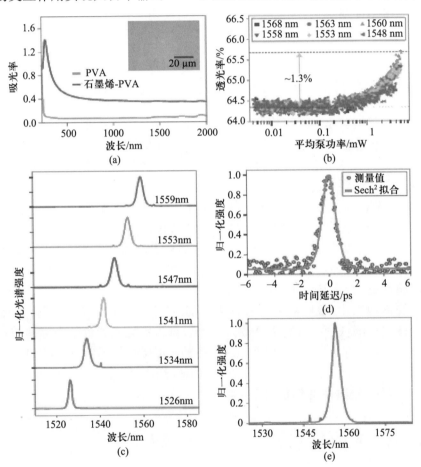

图 6.7　石墨烯锁模激光器的性能。(a) 石墨烯–PVA (聚乙烯醇) 复合材料的吸光度, 参考物为 PVA。内插图为复合材料的显微照片。(b) 在 6 种波长条件下, 典型的透光率随平均泵功率的变化。(c) 随功率增加的透光率。可调谐 (> 30 nm) 的石墨烯锁模光纤激光器。(d) 自相关度。(e) 氧化石墨烯锁模激光器的输出脉冲光谱, 脉冲持续时间大约为 743 fs。(图 6.7(a)、(b) 的照片经授权引自 Z. Sun, T. Hasan, F. Torrisi, D. Popa et al., *ACS Nano* 4, 803–810, 2010; 图 6.7(c)、(d)、(e) 经授权引自 F. Bonaccorso, Z. Sun, T. Hasan, A.C. Ferrari, *Nat. Photonics* 4, 611–622, 2010)

涂有石墨烯的石英基底[85,88]。迄今为止, 产生的超快脉冲的波长通常约为 1.5 μm, 这不是因为石墨烯可饱和吸收体有特定波长, 而是因为这是光通信的标准波长。由石墨烯锁模的固态激光器的波长大约为 1 μm[85]。图 6.7(c) 为 GSA 锁模激光器, 由铒掺杂光纤制成, 而且在 1526 ~ 1559 nm 波长范围内可调, 调谐范围主要受可调谐滤波器 (而不是 GSA) 的制约[79]。图 6.7(d) 及图 6.7(e) 展示的是一个氧化石墨烯基可饱和吸收器所产生的脉冲图。通过功能化处理或者通过使用不同层数或浓度的复合材料可以调谐 GSA 的性能, 这为激光器的设计提供了相当大的自由度。

6.12   光限幅器

光限幅器是对低强度入射光有高透射率、对高强度入射光有低透射率的传感器[89]。这种器件在光学传感器和人眼保护方面颇受关注, 因为当光强超过一定阈值后, 视网膜会发生损伤[89]。使用非线性光学材料的被动式光限幅器有可能是简单、紧凑以及廉价的[89]。然而, 到目前为止, 还没有哪种被动式光限幅器能够在整个可见光和近红外范围内保护眼睛和其他常见传感器[89]。常见的材料包括半导体 (如 ZnSe、InSb)、有机分子 (如酞菁)、液晶和碳基材料 (如炭黑分散体、碳纳米管和富勒烯)[89-90]。富勒烯及其衍生物[91-92] 和 CNT 分散体[92] 具有良好的光学限幅性能, 特别是对于 532 nm 和 1064 nm 处的纳秒脉冲[92]。在石墨烯基光限幅器中, 吸收的光能转化为热能, 产生气泡和微等离子体, 这导致透光率降低[90]。石墨烯分散体可用于覆盖可见光和近红外范围的宽带限幅器。有报道称, 液相外延法制备的石墨烯可用于纳秒级脉冲的光限幅过程 (532 nm 和 1064 nm)[90]。该研究还表明, 作为光限幅器, 功能化石墨烯分散体的性能胜过 C60[93]。

6.13   光频转换器

光频转换器可用于扩大激光的波长可达性 (如倍频、参量放大和振荡以及四波混频)[89]。计算表明, 当存在足够高的外部电场 (大于 100 V · cm^{-1}) 时, 有可能在石墨烯中产生非线性频率 (如输入光的谐波)[94]。有报道称, 采用石墨烯薄膜的 150 fs 激光器在 800 nm 处产生了二次谐波[95]。此外, 已经通过研究证实, 采用单层石墨烯和少数层石墨

烯的四波混频技术可产生近红外波长可调光[96]。石墨烯的三阶磁化率 $|X^3|$ 测量值约为 10^{-7} 静电单位 (esu), 比目前为止见诸报道的针对 CNTs 开展相同测量的结果高一个数量级[96]。但是, 通常需要光子计数器来测量输出值[95], 输出值较低说明转换效率较低。石墨烯的其他特征 (如石墨烯的非线性度) 能通过改变层数和与波长无关的非线性敏感度来加以调节, 这使其有望用于多种光电应用领域[96]。

6.14 太赫兹器件

在 0.310 THz 范围的辐射 (30 μm ~ 1 mm) 在生物医学成像、安保、遥感和光谱研究方面颇受关注[97]。太赫兹技术仍然有很多未开发的领域, 主要是由于缺乏经济、高效的光源和检测器[97]。石墨烯等离子体波的频率在太赫兹范围内, 再加上石墨烯纳米带隙和双层石墨烯可调带隙等情况, 使得石墨烯可用于太赫兹波的产生和检测[98]。研究人员已提出了多种以石墨烯器件的电或光泵浦过程为基础的太赫兹源。近期针对光泵浦石墨烯中太赫兹发射和放大过程开展的实验表明, 石墨烯产生太赫兹波具有可行性[98-100]。扭曲的多层膜 (仍保留了单层石墨烯的电特性) 也可应用于这个方面。石墨烯器件可以用于太赫兹检测和频率转换。通过外部手段 (如通过电场或磁场或者使用光泵) 可以调节电子和光学性质, 这使得单层石墨烯和少数层石墨烯适于红外和太赫兹辐射操作。可以制成的器件包括调制器、滤波器、开关、分束器和偏振器等[11]。

参考文献

[1] P.R. Wallace, The band theory of graphite, *Phys. Rev.* 71, 622-634 (1947).

[2] J.C. Slonczewski, P.R. Weiss, Band structure of graphite, *Phys. Rev.* 109, 272-279 (1958).

[3] K.S. Novoselov, A.K. Geim, S.V Morozov, D. Jiang, Y. Zhang, S.V. Dubonos, I.V. Grigorieva, A.A. Firsov, Electric field effect in atomically thin carbon films, *Science* 306, 666-669 (2004).

[4] K.S. Novoselov, A.K. Geim, S.V. Morozov, D. Jiang, M.I. Katsnelson, I.V. Grigorieva, S.V. Dubonos, A.A. Firsov, Two-dimensional gas of massless Dirac fermions in graphene, *Nature* 438, 197-200 (2005).

[5] D. Jiang, F. Schedin, T.J. Booth, V.V. Khotkevich, S.V. Morozov, A.K.

Geim, Two-dimensional atomic crystals, *Proc. Natl. Acad. Sci. USA* 102, 10451-10453 (2005).

[6] S.V. Morozov, K.S. Novoselov, M.I. Katsnelson, F. Schedin, D.C. Elias, J.A. Jaszczak, et al., Giant intrinsic carrier mobilities in graphene and its bilayer, *Phys. Rev. Lett.* 100, 016602 (2008).

[7] K.S. Novoselov, S.V. Morozov, T.M.G. Mohinddin, L.A. Ponomarenko, D.C. Elias, R. Yang, et al., Electronic properties of graphene, *Phys. Status Solidi B: Basic Solid State Phys.* 244, 4106-4111 (2007).

[8] K.I. Bolotin, K.J. Sikes, Z. Jiang, M. Klima, G. Fudenberg, J. Hone, et al., Ultrahigh electron mobility in suspended graphene, *Solid State Commun.* 146, 351-355 (2008).

[9] A.K. Geim, K.S. Novoselov, The rise of graphene, *Nat. Mater.* 6, 183-191 (2007).

[10] P. Blake, E.W. Hill, A.H.C. Neto, K.S. Novoselov, D. Jiang, R. Yang, et al., Making graphene visible, *Appl. Phys. Lett.* 91, 063124 (2007).

[11] F. Bonaccorso, Z. Sun, T. Hasan, A.C. Ferrari, Graphene photonics and optoelectronics, *Nat. Photonics* 4, 611-622 (2010).

[12] C. Casiraghi, A. Hartschuh, E. Lidorikis, H. Qian, H. Harutyunyan, T. Gokus, et al., Rayleigh imaging of graphene and graphene layers, *Nano Lett.* 7, 2711-2717 (2007).

[13] R.R. Nair, P. Blake, A.N. Grigorenko, K.S. Novoselov, T.J. Booth T. Stauber, et al., Fine structure constant defines visual transparency of graphene, *Science* 320, 1308 (2008).

[14] T. Hasan, Z. Sun, F. Wang, E Bonaccorso, P.H. Tan, A.G. Rozhi, et al., Nanotube-polymer composites for ultrafast photonics, *Adv. Mater.* 21, 3874-3899 (2009).

[15] Z. Sun, T. Hasan, F. Torrisi, D. Popa, G. Privitera, F. Wang, F. Bonaccorso, D.M. Basko, A.C. Ferrari, Graphene mode-locked ultrafast laser, *ACS Nano* 4, 803-810 (2010).

[16] R.J. Stoehr, R. Kolesov, J. Pflaum, J. Wrachtrup, Fluorescence of laser created electron-hole plasma in graphene, *Phys. Rev. B* 82, 121408(R) (2010).

[17] C.H. Liu, K.E Mak, J. Shan, T.F. Heinz, Ultrafast photoluminescence from graphene, *Phys. Rev. Lett.* 105, 127404 (2010).

[18] W. Liu, S.W. Wu, P.J. Schuck, M. Salmeron, Y.R. Shen, F. Wang, Nonlinear photoluminescence from graphene, Abstract number: BAPS. 2010. MAR. Z22. 11, APS March Meeting, Portland, OR (2010).

[19] T. Gokus, R.R. Naif, A. Bonetti, M. Bohmler, A. Lombardo, K.S. Novoselov, et al., Making graphene luminescent by oxygen plasma treatment, *ACS Nano* 3, 3963-3968 (2009).

[20] G. Eda, Y.Y. Lin, C. Mattevi, H. Yamaguchi, H.A. Chen, I.S. Chen, et al., Blue photoluminescence from chemically derived graphene oxide, *Adv. Mater* 22, 505-509 (2009).

[21] X. Sun, Z. Liu, K. Welsher, J.T. Robinson, A. Goodwin, S. Zaric, et al., Nano-graphene oxide for cellular imaging and drug delivery, *Nano Res.* 1, 203-212 (2008).

[22] Z. Luo, P.M. Vora, E.J. Mele, A.T. Johnson, J.M. Kikkawa, Photoluminescence and band gap modulation in graphene oxide, *Appl. Phys. Lett.* 94, 111909 (2009).

[23] Y. Zhang, J.W. Tan, H.L. Stormer, P. Kim, Experimental observation of the quantum Hall effect and Berry's phase in graphene, *Nature* 438, 201-204 (2005).

[24] K.F. Mak, J. Shan, T.F. Heinz, Electronic structure of few-layer graphene. Experimental demonstration of strong dependence on stacking sequence, *Phys. Rev. Lett.* 104, 176404 (2009).

[25] M. Breusing, C. Ropers, T. Elsaesser, Ultrafast carrier dynamics in graphite, *Phys. Rev. Lett.* 102, 086809 (2009).

[26] T. Kampfrath, L. Perfetti, E Schapper, C. Frischkorn, M. Wolf, Strongly coupled optical phonons in the ultrafast dynamics of the electronic energy and current relaxation in graphite, *Phys. Rev. Lett.* 95, 187403 (2005).

[27] M. Lazzeri, S. Piscanec, E Mauri, A.C. Ferrari, J. Robertson, Electronic transport and hot phonons in carbon nanotubes, *Phys. Rev. Lett.* 95, 236802 (2005).

[28] Z. Sun, T. Hasan, E Torrisi, D. Popa, G. Privitera, E Wang, et al., Graphene mode-locked ultrafast laser, *ACS Nano* 4, 803-810 (2010).

[29] J. Gonzalez, E Guinea, M.A.H. Vozmediano, Unconventional quasiparticle lifetime in graphite, *Phys. Rev. Lett.* 77, 3589-3592 (1996).

[30] M.Y. Han, B. Ozyilmaz, Y. Zhang, P. Kim, Energy band-gap engineering of graphene nanoribbons. *Phys. Rev. Lett.* 98, 206805 (2007).

[31] J. Lu, J.X. Yang, J. Wang, A. Lira, S. Wang, P. Lob, One-pot synthesis of fluorescent carbon nanoribbons, nanoparticles, and graphene by the exfoliation of graphite in ionic liquids, *ACS Nano* 3, 2367-2375 (2009).

[32] J.R. Shears, H. Antoniadas, M. Hueschen, W. Leonard, J. Miller, R. Moon, et al., Organic electroluminescent devices, *Science* 273, 884-888 (1996).

[33] L.J. Rothberg, A.J. Lovinger, Status of and prospects for organic electroluminescence, *J. Mater Res.* 11, 3174-3187 (1996).

[34] J.V. Frangioni, In vivo near-infrared fluorescence imaging, *Curr. Opin. Chem. Biol.* 7, 626-634 (2003).

[35] K. Welsher, Z. Liu, D. Daranciang, H. Dai, Selective Probing and Imaging of Cells with SWCNTs as Near-Infra red Fluorescent Molecules, *Nano. Lett* 8, 586-590 (2008).

[36] S. Essig, C.W. Marquardt, A. Vijayaraghavan, M. Ganzhorn, S. Dehm, E Hennrich, et al., Phonon-assisted electroluminescence from metallic carbon nanotubes and graphene, *Nano Lett.* 10, 1589-1594 (2010).

[37] I. Hamberg, C.G. Granqvist, Evaporated Sn-doped In2O3 films. Basic optical properties and applications to energy-efficient windows, *J. Appl. Phys.* 60, R123-R160 (1986).

[38] L. Holland, G. Siddall, The properties of some reactively sputtered metal oxide films, *Vacuum* 3, 375-391 (1953).

[39] T. Minami, Transparent conducting oxide semiconductors for transparent electrodes, *Semicond. Sci. Technol.* 20, S35-S44 (2005).

[40] C.G. Granqvist, Transparent conductors as solar energy materials: A panoramic review, Sol. Energy Mater. *Sol. Cells* 91, 1529-1598 (2007).

[41] C.D. Sheraw, L. Zhou, J.R. Huang, D.J. Gundlach, T.N. Jackson, Organic thin-film transistor-driven polymer dispersed liquid crystal displays on flexible polymeric substrates, *Appl. Phys. Lett.* 80, 1088-1090 (2002).

[42] J.Y. Lee, S.T. Connor, Y. Cui, P. Peumans, Solution-processed metal nanowire mesh transparent electrodes, *Nano Lett.* 8, 689-692 (2008).

[43] S. De, T.M. Higgins, P.E. Lyons, E.M. Doherty, P.N. Nirmalraj, W.J. Blau, et al., Silver nanowire networks as flexible, transparent, conducting films: Extremely high dc to optical conductivity ratios, *ACS Nano* 3, 1767-1774 (2009).

[44] H.-Z. Geng, K.-K. Kim, K.-P. So, Y.S. Lee, Y. Chang, Y.H. Lee, Effect of acid treatment on carbon nanotube-based flexible transparent conducting films, *J. Am. Chem. Soc.* 129, 7758-7759 (2007).

[45] Z. Wu, Z. Chen, X. Du, J.M. Logan, J. Sippel, M. Nikolou, et al., Transparent, conductive carbon nanotube films, *Science* 305, 1273-1276 (2004).

[46] S. De, J.N. Coleman, Are there fundamental limitations on the sheet resistance and transmittance of thin graphene films, *ACS Nano* 4, 2713-2720 (2010).

[47] D.M. Chapin, C.S. Fuller, G.L. Pearson, A new silicon p-n junction photocell for converting solar radiation into electrical power, *J. Appl. Phys.* 25, 676-677 (1954).

[48] M.A. Green, K. Emery, K. Bucher, D.L. King, S. Igari, Solar cell efficiency table, *Prog. Photovolt. Res. Appl.* 7, 321-326 (1999).

[49] H. Hoppe, N.S. Sariciftci, Organic solar cells: An overview, *MRS Bull.* 19, 1924-1945 (2004).

[50] F.C. Krebs, All solution roll-to-roll processed polymer solar cells free from indium-tin-oxide and vacuum coating steps. *Org. Electron.* 10, 761-768 (2009).

[51] B. O'Regan, M.A. Gratzel, Low-cost, high-efficiency solar cell based on dye-sensitized colloidal TiO_2 films, *Nature* 353, 737-740 (1991).

[52] J. Wu, H.A. Becerril, Z. Bao, Z. Liu, Y. Chen, P. Peumans, Organic solar cells with solution-processed graphene transparent electrodes, *Appl. Phys. Lett.* 92, 263302 (2008).

[53] X. Wang, L. Zhi, N. Tsao, Z. Tomovic, J. Li, K. Mullen, Transparent carbon films as electrodes in organic solar cells, *Angew. Chem.* 47, 2990-2992 (2008).

[54] L.G. De Arco, Y. Zhang, C.W. Schlenker, K. Ryu, M.E. Thompson, C. Zhou, Continuous, highly flexible and transparent graphene films by chemical vapor deposition for organic photovoltaics, *ACS Nano* 4, 2865-2873 (2010).

[55] S. Bae, H. Kim, Y. Lee, X. Xu, J.S. Park, Y. Zheng, et al., Roll-to-roll production of 30-inch graphene films for transparent electrodes, *Nature Nanotechnol.* 4, 574-578 (2010).

[56] Z. Liu, Q. Liu, Y. Huang, Y. Ma, S. Yin, X. Zhang, et al., Organic photovoltaic devices based on a novel acceptor material: graphene, *Adv. Mater.* 20, 3924-3930 (2008).

[57] V. Yong, J.M. Tour, Theoretical efficiency of nanostructured graphene based photovoltaics, *Small* 6, 313-318 (2009).

[58] W. Hong, Y. Xu, G. Lu, C. Li, G. Shi, Transparent graphene/PEDOT-PSS composite films as counter electrodes of dye sensitized solar cells, *Electrochem. Commun.* 10, 1555-1558 (2008).

[59] J.H. Burroughes, D.D.C. Bradley, A.R. Brown, R.N. Marks, K. Mackay,

R.H. Friend, et al., Light-emitting diodes based on conjugated polymers, *Nature* 347, 539-541 (1990).

[60] J. Wu, M. Agarwal, H.A. Becerril, Z. Bao, Z. Liu, Y. Chen, et al., Organic light-emitting diodes on solution-processed graphene transparent electrodes, *ACS Nano* 4, 43-48 (2009).

[61] Q. Pei, A.J. Heeger, Operating mechanism of light-emitting electrochemical cells, *Nat. Mater* 7, 167 (2008).

[62] P. Matyba, H. Yamaguchi, G. Eda, M. Chhoalla, L. Edman, N.D. Robinson, Graphene and mobile ions: The key to all-plastic, solution processed light-emitting devices, *ACS Nano* 4, 637-642 (2010).

[63] B.E.A. Saleh, M.C. Teich, *Fundamentals of Photonics*, pp. 784-803, Wiley, New York (2007).

[64] J.M. Dawlaty, S. Shivaram, J. Strait, P. George, M.V.S. Chandrashekhar, E Rana, et al., Measurement of the optical absorption spectra of epitaxial graphene from terahertz to visible, *Appl. Phys. Lett.* 93, 131905 (2008).

[65] A.R. Wright, J.C. Cao, C. Zhang, Enhanced optical conductivity of bilayer graphene nanoribbons in the terahertz regime, *Phys. Rev. Lett.* 103, 207401 (2009).

[66] F.T. Vasko, V. Ryzhii, Photoconductivity of intrinsic graphene, *Phys. Rev. B* 77, 195433 (2008).

[67] J. Park, Y.H. Ahn, C. Ruiz-Vargas, Imaging of photocurrent generation and collection in single-layer graphene, *Nano Lett.* 9, 1742-1746 (2009).

[68] F. Xia, T. Mueller, R.G. Mojarad, M. Freitag, Y.M. Lin, J. Tsang, et al., Photocurrent imaging and efficient photon detection in a graphene transistor, *Nano Lett.* 9, 1039-1044 (2009).

[69] F. Xia, T. Mueller, Y.M. Lin, A. Valdes-Garcia, P. Avouris, Ultrafast graphene photodetector, *Nat. Nanotech.* 4, 839-843 (2009).

[70] T. Mueller, E Xia, P. Avouris, Graphene photodetectors for high-speed optical communications, *Nat. Photon.* 4, 297-301 (2010).

[71] Y. Kang, H.D. Liu, M. Morse, M.J. Paniccia, M. Zadka, S. Litski, et al., Monolithic germanium/silicon avalanche photodiodes with 340 GHz gain-bandwidth product, *Nat. Photon.* 3, 59-63 (2009).

[72] X.D. Xu, N.M. Gabor, J.S. Alden, A.M. Van der Zande, P.L. McEuen, Photo-thermoelectric effect at a graphene interface junction, *Nano Lett.* 10, 562 (2010).

[73] J.A. Pickering, Touch-sensitive screens: The technologies and their applications, *Int. J. Man. Mach. Stud.* 25, 249-269 (1986).

[74] H.G. Craighead, J. Cheng, S. Hackwood, New display based on electrically induced index-matching in an inhomogeneous medium, *Appl. Phys. Lett.* 40, 22-24 (1982).

[75] J.L. Fergason, Polymer Encapsulated Nematic Liquid Crystals for Display and Light Control Applications, *SID Symposium Digest* 16, 68-70 (1985).

[76] T. Hasan, Z. Sun, F. Wang, F. Bonaccorso, P.H. Tan, A.G. Rozhi, A.C. Ferrari, Nanotube-polymer composites for ultrafast photonics, *Adv. Mater.* 21, 3874-3899 (2009).

[77] U. Keller, Recent developments in compact ultrafast lasers, *Nature* 424, 831-838 (2003).

[78] F. Wang, A.G. Rozhin, V. Scardaci, Z. Sun, F. Hennrich, I.H. White, W.I. Milne, A.C. Ferrari, Wideband-tunable, nanotube mode-locked, fibre laser, *Nat. Nanotechnol.* 3, 738-742 (2008).

[79] Z. Sun, D. Popa, T. Hasan, F. Torrisi, F. Wang, E.J.R. Kelleher, et al., Wideband tunable, graphene-mode locked, ultrafast laser, *Nano Res.* 3, 653 (2010).

[80] Q. Bao, H. Zhang, Y. Wang, Z. Ni, Y. Yan, Z.X. Shen, et al., Atomic-layer graphene as a saturable absorber for ultrafast pulsed lasers, *Adv. Funct. Mater.* 19, 3077-3083 (2010).

[81] H. Zhang, Q.L. Bao, D.Y. Tang, L.M. Zhao, K. Loh, Large energy soliton erbium-doped fiber laser with a graphene-polymer composite mode locker, *Appl. Phys. Lett.* 95, 141103 (2009).

[82] H. Zhang, D.Y. Tang, L.M. Zhao, Q.L. Bao, K.P. Loh, Large energy mode locking of an erbium-doped fiber laser with atomic layer graphene, *Opt. Express* 17, 17630-17635 (2009).

[83] H. Zhang, D. Tang, R.J. Knize, L. Zhao, Q. Bao, K.P. Loh, Graphene mode locked, wavelength-tunable, dissipative soliton fiber laser, *Appl. Phys. Lett.* 96, 111112 (2010).

[84] Y.W. Song, S.Y. Jang, w.S. Han, M.K. Bae, Graphene modelockers for fiber lasers functioned with evanescent field interaction, *Appl. Phys. Lett.* 96, 051122 (2010).

[85] W.D. Tan, C.Y. Su, R.J. Knize, G.Q. Xie, L.J. Li, D.Y. Tang, Mode locking of ceramic Nd: yttrium aluminum garnet with graphene as a saturable absorber, *Appl. Phys. Lett.* 96, 031106 (2010).

[86] V. Scardaci, Z. Sun, E Wang, A.G. Rozhin, T. Hasan, E Hennrich, et al., Carbon nanotube polycarbonate composites for ultrafast lasers, *Adv. Mater.* 20, 4040-4043 (2008).

[87] Z. Sun, A.G. Rozhin, F. Wang, T. Hasan, D. Popa, W. O'Neill, et al., A compact, high power, ultrafast laser mode-locked by carbon nanotubes, *Appl. Phys. Lett.* 95, 253102 (2009).

[88] Q. Bao, H. Zhang, Z. Ni et al., *Nano Research* 4, 297-207.

[89] M. Bass, G. Li, E.V. Stryland, *Handbook of Optics IV*, McGraw-Hill, New York (2001).

[90] J. Wang, Y. Hernandez, M. Lotya, J.N. Coleman, W.J. Blau, Broadband nonlinear optical response of graphene dispersions, *Adv. Mater.* 21, 2430-2435 (2009).

[91] L.W. Tutt, A. Kost, Optical limiting performance of C60 and C70 solutions, *Nature* 356, 225-226 (1992).

[92] J. Wang, Y. Chen, W.J. Blau, Carbon nanotubes and nanotube composites for nonlinear optical devices, *J. Mater. Chem* 19, 7425-7443 (2009).

[93] Y. Xu, Z. Liu, X. Zhang, Y. Wang, J. Tian, Y. Huang, Y. Ma, X. Zhang, Y. Chen, A graphene hybrid material covalently functionalized with porphyrin: synthesis and optical limiting property, *Adv. Mater.* 21, 1275-1279 (2009).

[94] S.A. Mikhailov, Non-linear electromagnetic response of graphene, *Europhys. Lett* 79, 27002 (2007).

[95] J.J. Dean, H.M. Van Driel, Second harmonic generation from graphene and graphitic films, *Appl. Phys. Lett.* 95, 261910 (2009).

[96] E. Hendry, P.J. Hale, J.J. Moger, A.K. Savchenko, S.A. Mikhailov, Coherent nonlinear optical response of graphene, *Phys. Rev. Lett.* 105, 097401 (2010).

[97] X.C. Zhang, J. Xu, Introduction to THz Wave Photonics, Springer, New York (2010).

[98] F. Rana, Graphene terahertz plasmon oscillators, *IEEE Trans. Nanotechnol.* 7, 91-99 (2008).

[99] D. Sun, C. Divin, J. Rioux, J.E. Sipe, C. Berger, W.A. De Heer, et al., Coherent control of ballistic photocurrents in multilayer epitaxial graphene using quantum interference, *Nano Lett.* 10, 1293-1296 (2010).

[100] T. Otsuji, H. Karasawa, T. Komori, T. Watanabe, M. Suemitsu, A. Satou, et al., Observation of amplified stimulated terahertz emission fi'om optically pumped epitaxial graphene heretostructures, PIERS Proceedings, Xl'an, China, March 22-26, (2010).

名词术语表

ABINIT 平面波	ABINIT plane wave
Atomistix 软件	Atomistix Tool Kit (ATK)
Brunauer-Emmett-Teller 法	Brunauer-Emmett-Teller (BET) method
CA-PZ 泛函数	Ceperly-Alder, Perdew-Zungar (CA-PZ) functional
Car-Parrinello 分子动力学	Car-Parrinello molecular dynamics
DNA 传感器	DNA sensors
DNA 分子的快速排序	rapid sequencing of DNA molecules
DNA 生物传感器	biosensing DNA sensors
Fabry-perot 干涉	Fabry-perot interference
Hummers 法	Hummers method
Koutecky-Levich 方程	Koutecky-Levich equation
Landauer-Buttiker 方程	Landauer-Buttiker equation
Langmuir-Blodgett 技术	Langmuir-Blodgett techniques
LPE 石墨烯	LPE graphene
NVT 模拟	NVT simulation
Nyquist 图	Nyquist plots
PBE 计算	Perdew, Burke, and Erzenhoff (PBE) calculations
Rutgers-Chalmers 范德华密度泛函数	Rutgers-Chalmers vander Waals density functional (vdW-DF)

(续)

R-溶血素蛋白	R-hemolysin (RHL) proteins
X 射线光电子能谱	X-ray photoelectron spectroscopy (XPS)
β-烟酰胺腺嘌呤二核苷酸吸附	β-nicotinamide adenine dinucleotide (NAD^+) adsorption
阿伦尼乌斯方程	arrhenius equation
氨	ammonia (NH_3)
氨气传感器	gas sensors ammonia
半导体	semiconductors
半导体可饱和吸收镜	semiconductor saturable absorber mirrors
半峰全宽	full width at half maximum (FWHM)
半整数量子霍耳效应	half-integer quantum hall effect
胞嘧啶	cytosine
饱和甘汞电极	saturable calomel electrode (SCE)
饱和吸收	saturable absorption
饱和吸收体	saturable absorbers
比色法	color contrast method
铋膜电极	bismuth film electrode
边缘功能化	edge functionalization
表面特征	surface characterization
表征技术	characterization techniques
玻耳兹曼常数	boltzmanns constant
玻碳电极	glassy carbon electrode (GCE)
剥离	exfoliation
剥离电流信号	stripping current signal
剥离法	peeling method
铂基电极	platinum-based electrodes
布朗运动	brownian motion
布里渊区	brillouin zone
侧边抛磨光纤	side-polished fibers

（续）

掺杂	doping
场效应晶体管	field effect transistor (FET)
超级电容器	ultracapacitors
超快激光器	ultrafast lasers
沉积	depositions
储能应用	energy storage applications
触摸屏	touch screens
带间弛豫	interband relaxation
带隙	band gap
单壁碳纳米管	single-wall carbon nanotubes (SWCNT)
单层石墨烯	single-layer grapheme (SLG)
单核苷酸多态性	single-nucleotide polymorphism (SNP)
单链 DNA	single-stranded DNA (ssDNA)
氮掺杂石墨烯	N-doped graphene
氮功能化	nitrogen functionalization
氮原子	nitrogen atoms
电导率	conductivity
等离子增强化学气相沉积	plasma-enhanced chemical vapor deposition (PEVCD)
等效串联电阻	equivalent series resistance (ESR)
低能电子衍射	low-energy electron diffraction (LEED)
狄拉克点	dirac points
狄拉克电子	dirac electrons
狄拉克费米子	dirac fermions
第一性原理分子动力学	first-principle molecular dynamics
第一性原理模拟	first-principle simulation
电场	electric field
电荷输运	charge transport
电化学副反应	electrochemical side reactions

(续)

电化学合成	electrochemical synthesis
电化学生物传感器	electrochemical biosensors
电化学双层电容	electrochemical double-layer capacitance (EDLC)
电化学特性	electrochemical characterization
电流–电压曲线	I-V curves
电流分析法	amperometry
电容触控面板	capacitive touch panels
电输运	electrical transport
电输运特性	electrical transport properties
电子传递	charge transfer
电子衍射	electron diffraction (EF)
电阻触控面板	resistive touch panels
电阻抗光谱	electrical impedance spectroscopy (EIS)
动能	kinetic energy
渡越时间	transit time
对苯二腈	terephthalonitrile
多壁碳纳米管	multiwall carbon nanotubes (MWCNT)
多层石墨烯纳米薄膜	multilayer graphenenanoflake films (MGNF)
多环芳香烃	polycyclic aromatic hydrocarbons (PAH)
二次谐波发生	second-harmonic generation
二氧化氮	nitrogen dioxide (NO_2)
发光	luminescence
发光二极管	light-emitting diodes (LED)
范德华密度泛函数	van der Waals density functional (vdW-DF)
范霍夫奇点	van Hove singularity
芳香族分子	aromatic molecules
非平衡格林函数模型	nonequilibrium Green's function (NEGF) formalism
非平衡载流子	nonequilibrium carriers

(续)

非线性材料	nonlinear materials
非线性电导率	nonlinear conductance
非线性频率发生器	nonlinear frequency generation
菲涅耳公式	fresnel equations
费米能级	fermi levels
分子动力学	molecular dynamics (MD)
分子–石墨烯体系	molecule-graphene system
辐射复合	radiative recombination
负栅压	negative gate bias
副反应	side reactions
富勒烯和石墨烯衍生物	fullerenes and derivatives graphene
改进	improvement
高导电性	high electrical conductivity
高度定向的热解石墨	highly oriented pyrolytic graphite (HOPG)
高分辨透射电子显微镜	high-resolution transmission electron microscopy (HRTEM)
高角度环形暗场成像	high-angle annular dark-field (HAADF) images
功能化石墨烯分散体	functionalized graphene dispersions
固态激光器和模式	solid-state lasers and mode
固态纳米孔	solid-state nanopores
管式炉	tube furnace
光电器件	optoelectronic devices
光电探测器	photodetectors
光发射器件	light-emitting devices
光伏器件	photovoltaic devices
光激发和光电应用	photonic and optoelectronic applications
光频转换器	optical frequency converters
光热电效应	photothermoelectric effect
光限幅器	optical limiters

(续)

光学成像	optical imaging
光学的	optical
光学吸光率	optical absorbance
光学显微镜	optical microscopy
光学性质	optical properties
光致发光	photoluminescence (PL)
光子计数器	photon-counting electronics
广义梯度近似	generalized gradient approximation (GGA)
过渡态理论	transition state theory
过氧化氢	hydrogen peroxide (H_2O_2)
氦气	helium
合成	synthesis
核酸外切酶	exonuclease
恒电流充/放电	galvanostatic charge/discharge
横向电导测序	traverse-conductance-based sequencing
互补金属氧化物半导体技术	complementary metaloxide semiconductor (CMOS) technology
化学剥离法	chemical exfoliation
化学法	chemical method
化学法还原的氧化石墨烯	chemically reduced graphene oxide (CR-GO)
化学改性石墨烯	chemically modified graphene (CMG)
化学机械剥离法	chemical mechanical exfoliation
化学气相沉积	chemical vapor deposition (CVD)
环加成结构	cycloaddition configuration
恢复时间	recovery time
机械剥离法	mechanical exfoliation
机械剥离法的替代方法	alternative mechanical exfoliation
机械的	mechanical
力学性能	mechanical properties
石墨烯基光电检测器	graphene-based photodetectors (GPD)

(续)

基于石墨烯氧化物的透明导电薄膜	graphene-oxide based transparent conductive films (GOTCF)
寄生电流通路	parasitic current pathway
甲烷	mehane (CH_4)
碱基序列	base sequence
角分辨光电子能谱	angle-resolved photoemission spectroscopy (ARPES)
金属膜	metallic membranes
金属纳米线	metallic nanowires
金属网格	metal grids
金属氧化物	metal oxides
金属氧化物半导体场效应晶体管	metal-oxide semiconductor field effecttransisitors (MOSFET)
浸润性能	wetting properties
还原氧化石墨烯	reduced graphene oxide (RGO)
晶格	lattice
晶片状石墨烯	wafer-size graphene layers
局域密度近似	local density approximation (LDA)
矩阵电阻触控面板	matrix resistive touch panels
聚 (3, 4-亚乙二氧基噻吩)-聚 (苯乙烯磺酸)	PEDOT: PSS
聚对苯二甲酸乙酯	polyethylene terephthalate (PET)
聚二甲基硅氧烷拓印	polydimethylsiloxane (PDMS) stamp
聚合酶链反应	polymerase chain reaction (PCR)
聚合物太阳能电池	polymer solar cell
聚合物液晶器件	polymer-based liquid-crystal (PDLC) devices
聚甲基丙烯酸甲酯	polymethylmethacrylate (PMMA)
聚醚砜树脂	PES
聚四氟乙烯	polytetrafluoethylene (PTFE)
卷对卷聚合物液晶生产器件	roll-to-roll PDLC production devices
抗利尿激素	antidiuretic hormone (ADH)

(续)

壳聚糖	chitosan
可饱和吸收器和超快激光器	saturable absorbers and ultrafast lasers
可扩展性	scalability
可弯曲智能窗	flexible smart windows
孔隙	pores
宽带非线性光致发光	broadband nonlinear photoluminescence
宽带应用	broadband applications
拉曼光谱	Raman spectroscopy
拉伸应力和应变	tensile stress and strain
朗道能级	Landau levels
历史背景	historical background
连续多步加热	successive multistep heating
量子点	quantum dots
量子霍耳效应	quantum hall effect (QHE)
钌晶体	ruthenium crystal
磷酸盐缓冲液	phosphate-buffered saline (PBS)
零带隙	zero-energy band gap
硫化铝	aluminum sulfide (Al_2S_3)
酶生物传感器	enzymatic biosensors
密度泛函理论	density functional theory (DFT)
Mulliken 电荷	Mulliken charge
模拟电阻触控面板	analogue resistive touch panels
模守恒赝势	norm-conserving pseudopotentials
膜	membrane
纳米隙	nanogap
纳米金刚石	nanodiamonds
纳米粒子	nanoparticles (NP)
纳米带	nanoribbons
纳秒脉冲	nanosecond pulses
能量密度	energy density

(续)

鸟嘌呤	guanine (G)
鸟枪测序法	shotgun sequence
镍	nickel
泡利阻塞	pauli blocking
硼原子	boron atoms
葡萄糖氧化酶	glucose oxidase (GOD)
其他方法	other methods
气密测试舱	airtight test chamber
气体传感器材料	materials in gas sensor
气体分离	gas separation
亲水性差异	hydrophilicity difference
氢气	hydrogen gas (H_2)
球–棒模型	ball-and-stick model
全氟磺酸	nafion
全氟磺酸–石墨烯复合膜	nafion-graphene composite film
全有机合成	total organic synthesis
燃料电池	fuel cells
燃料电池内部的氧还原	oxygen reduction in fuel cells
染料敏化太阳能电池	dye-sensitized solar cells
热的	thermal
热分解	thermal decomposition
热还原	thermal reduction
热敏电阻	thermal resisitance
热退火	thermal annealing
热性能	thermal properties
热振动	thermal vibrations
人体作为导体	human body as conductor
人眼保护	human eye protection
三阶磁化率	third-order susceptibility
三聚作用	trimerization

(续)

桑格法	Sanger method
扫描电子显微镜	scanning electron microscopy (SEM)
扫描隧道显微镜	scanning tunneling microscope (STM)
扫描透射电子显微镜	scanning transmission electron microscopy (STEM)
少数层石墨烯	few-layer grapheme (FLG)
生物标记	biolabeling
生物成像	bioimaging
生物传感	biosensing
石墨层	graphite layers
石墨片	graphite flakes
石墨烯	graphene
石墨烯可饱和吸收体	graphenesaturable absorbers (GSA)
石墨烯性质	graphene properties
实际应用问题	practical application concerns
手性	chirality
倏逝场交互作用	evanescent field interaction
术语	terminology
双层石墨烯可调带隙	bilayer graphene tunable band gap
双极性	ambipolarity
双链 DNA	double-stranded DNA (dsDNA)
双稳态显示器	bistable display
四乙基四氟硼酸盐	tetraethylammoniumtetrafluoroborate (TEABF$_4$)
太阳能电池	solar cells
态密度	density of state (DOS)
碳纳米电极	carbon nanoelectrodes
碳纳米管	carbon nanotubes (CNT)
碳纳米管凝胶电极	CNT paste electrode
碳的同素异形体	carbon allotropes
透明导体	transparent conductors
透明胶带	cellophane tape

(续)

透射电子显微镜	transmission electron microscopy (TEM)
Warburg 压域	Warburg region
外延生长技术	epitaxial techniques
微波等离子增强化学气相沉积	microwave PECVD (MW-PECVD)
微分脉冲伏安法	differential pulse voltammetry (DPV)
未来的研究	future research
无水肼	anhydrous hydrazine
无源光限幅器	passive optical limiters
烯烃分子	olefinic molecules
显示器	displays
线性光吸收	linear optical absorption
腺嘌呤	adenine (A)
肖特基结调制	Schottky barrier modulation
谐波	harmonics
性能	properties
胸腺嘧啶	thymine (T)
旋转环盘电极伏安法	rotating ring-disk electrode (RRDE) voltammograms
选择性剥离	alternative exfoliation
循环伏安法	cyclic voltammetry
亚皮秒级脉冲	subpicosecond pulses
赝电容	pseudocapacitance
赝势平面波法	cambride sequential total energy package (CASTEP)
氧还原	oxygen reduction
氧还原反应	oxygen reduction reaction (ORR)
氧化酶生物传感器	oxidase biosensors
氧化石墨方法	graphite-oxide (GO) method
液晶	liquid crystals
单步加热	one-step heating

(续)

一氧化氮	nitric oxide (NO)
一氧化碳	carbon monoxide (CO)
乙醇生物传感器	ethanol biosensors
异种电荷转移	heterogeneous charge transfer
铟锡氧化物	indium tin oxide (ITO)
荧光猝灭显微镜	fluorescence quenching microscopy (FQM)
荧光生物相容的碳基纳米材料	fluorescent biocompatible carbon-basenanomaterials
荧光有机化合物	fluorescent organic compounds
应变压缩	compressive strain
优势	advantages
自由碱基	free bases
有机发光二极管	organic light-emitting diodes (OLED)
原子力显微镜	atomic force microscopy (AFM)
载流子对碰撞	pair-carrier collisions
在石墨烯上的一氧化碳	CO on graphene
展开	unzipping
展开多壁碳纳米管	unzipping multiwall carbon nanotubes
长波限制	long-wavelength limit
兆赫器件	terahertz devices
折射率	refractive index
整数量子霍耳效应	integer quantum hall effect (IQHE)
正栅压	positive gate bias
直径控制	diameter control
直流电	direct current (DC)
重金属离子检测	heavy metal ion detection
紫外线照射	UV irradiation
紫外–太赫范围	ultraviolet-to-terahertz range
阻断电流	blocking currents
最低空置分子轨道	lowest unoccupied molecular orbital (LUMO)

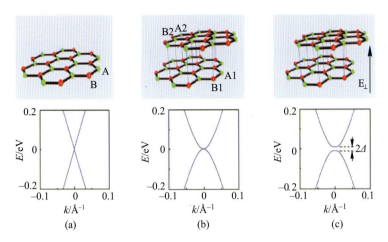

图 1.2   石墨烯的带隙。(a) 单层石墨烯晶格结构示意图。(b) 双层石墨烯晶格结构示意图。绿色和红色晶格点分别表示单层 (双层) 石墨烯中的 A(A1/A2) 和 B(B1/B2) 原子。该图为计算出的在低能量范围内的能量色散关系图, 从中可以看出单层和双层石墨烯均为零带隙半导体。(c) 当在双层石墨烯上施加垂直电场 E 时, 可以在双层石墨烯中打开一个带隙, 其大小 (2Δ) 可以由电场强度加以调控。(经授权引自 J.B. Oostinga, H. B. Heersche, X. Liu, A.F. Morpurgo, L. M.K. Vandersypen, *Nat. Mater.* 7, 151—157, 2008)

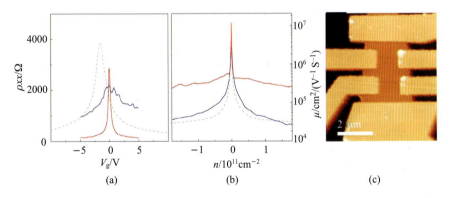

图 1.3   石墨烯电导率。(a) 四探头电阻率 ρ_{xx} 随栅电压 V_g 的变化图, 其中蓝色线条表示电流退火之前, 红色线条表示电流退火之后; 作为对比, 取自某传统高迁移率器件的数据也同样绘于该图中 (见灰色虚线)。栅压控制在 ±5 V 的范围内, 以避免发生机械损毁。(b) 同一器件的迁移率 ($\mu = 1/en\rho_{xx}$) 随载流子密度 n 的变化图。(c) 在实施测量前, 悬浮石墨烯的原子力显微镜 (atomic force microscopy, AFM) 图像。(经授权引自 K. I. Bolotin, K. J. Sikes, Z. Jiang, M. Klima, G. Fudenberg, J. Hone, et al., *Solid State Commun.* 146, 351—355, 2008)

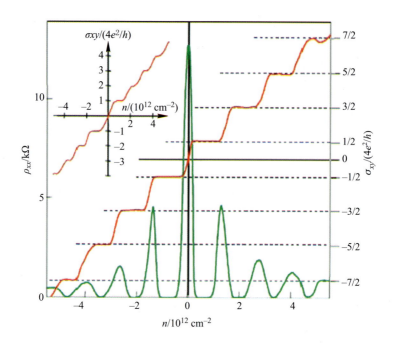

图 1.5   无质量的狄拉克费米子量子霍尔效应。当 $B = 14\,\mathrm{T}$, $T = 4\,\mathrm{K}$ 时, 石墨烯的霍尔电导率 σ_{xy} 和纵向电阻率 ρ_{xx} 随浓度的变化情况。$\sigma_{xy} \equiv (4e^2/h) \cdot v$ 是根据所测得的 $\rho_{xy}(V_{\mathrm{g}})$ 和 $\rho_{xx}(V_{\mathrm{g}})$ 之间的关联性计算出来的, 其中, $\rho_{xy} = \rho_{xy}/(\rho_{xy}^2 + \rho_{xx}^2)$。$1/\rho_{xy}$ 的行为相似, 但在 $V_{\mathrm{g}} \approx 0$ 处表现出不连续性, 该情况可以通过对 ρ_{xy} 进行绘图而避免。内插图为双层石墨烯的 σ_{xy}, 其中量化序列是正常的, 只发生于整数 V 处。后者表明半整数量子霍尔效应是理想石墨烯所独有的现象。(经授权引自 *Nature* 438, 197—200, 2005)

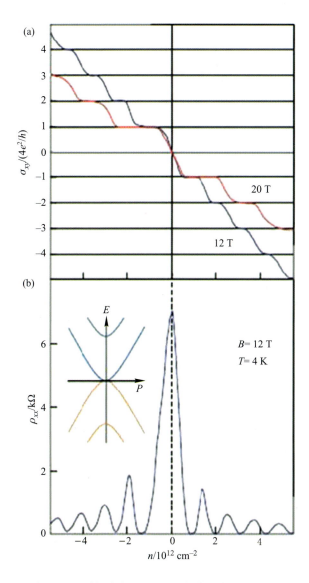

图 1.6　双层石墨烯的量子霍尔效应。(a)、(b) 分别为霍尔电导 σ_{xy} 和纵向 ρ_{xy} 随 n 的变化 (其中, 固定磁场强度 B, 温度 $T = 4\ \text{K}$)。σ_{xy} 可使一系列的量子霍尔效应峰看得更清楚。r_{xy} 跨越了零点, 未显示出任何零级峰值迹象, 通常在传统二维体系中可观察到零级峰。内插图为所计算出的双层石墨烯的能谱, 它在低 E 处呈现抛物线形状。(经授权引自 K. S. Novoselov, E. McCann, S. V. Morozov, V. I. Fal'ko, M.I. Katsnelson, U. Zeitler, et al., *Nat. Phys.* 2, 177—180, 2006)

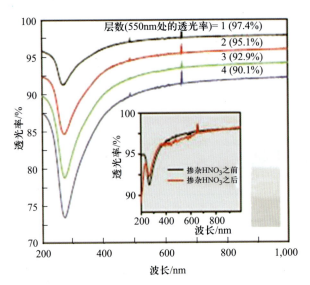

图 1.7　不同石墨烯层的透射率。石英基底上卷对卷、层对层形成的石墨烯薄膜的紫外可见光谱。内插图为经过或未经过 HNO₃ 掺杂的石墨烯薄膜的紫外光谱。(经授权引自 S. Bae, H. Kim, Y. Lee, X. Xu, J.-S. Park, Y. zheng, et al. *Nat. Nanotechnol.* 5, 574—578, 2010)

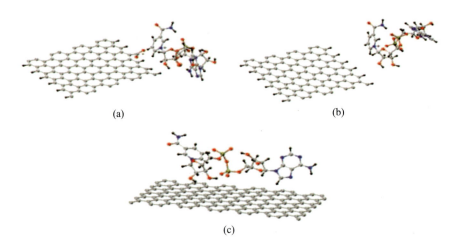

(a)　　　　　　　　　　　　　　　　(b)

(c)

图 3.8　烟碱腺嘌呤吸附于石墨烯片上的过程。(a) 石墨烯的边缘面以 H 原子和-COO 基团终结时, NAD⁺ 吸附过程的几何模型。(b) 石墨烯的边缘面完全以氢原子终结时, NAD⁺ 吸附过程的几何模型。(c) NAD⁺ 通过 Car-Parrinello 分子动力学效应吸附于石墨烯基面的几何模型。C, 灰色; N, 蓝色; O, 红色; P, 黄色; H, 黑色。(经授权引自 M. Pumera, R. Scipioni, H. Iwai, T. Ohno, Y. Miyahara, M. Boero, *Chem. Eur. J.* 15, 10851–10856, 2009)

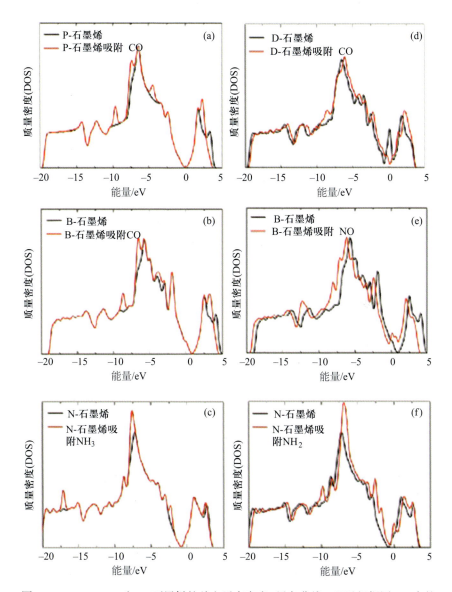

图 4.6 P–、B–、N–和 D–石墨烯的总电子态密度 (黑色曲线)，以及根据图 4.4 中的 a1、a2、d3、a4、b2 和 c3 中所示取向计算出的分子–石墨烯体系的总电子态密度 (红色曲线)。其中，费米能级设置为 0。(经授权引自 Y.-H. Zhang, Y.-B. Chen, K.-G. Zhou, C.-H. Liu, J. Zeng, H.-L.Zhang, Y. Peng, *Nanotechnol.* 20, 185504, 2009)

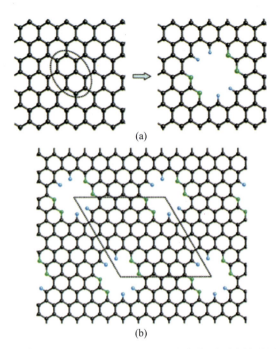

图 4.8　(a) 在石墨烯晶面内形成氮功能化小孔: 在虚线圆圈中的碳原子被移走, 4 个不饱和键用氢原子来饱和; 其余 4 个不饱和键及其相连碳原子都用氮原子取代。(b) 六角形有序多孔石墨烯。虚线代表的是多孔石墨烯的晶胞。碳原子, 黑色表示; 氮原子, 绿色表示; 氢原子, 青绿色表示。(经授权引自 D. Jiang, V.R. Cooper, S. Dai, *Nano Lett.* 9, 4019-4024, 2009)

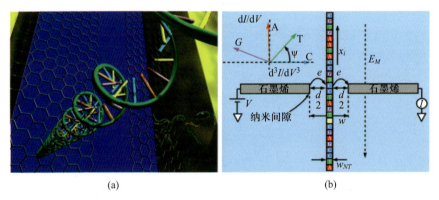

图 5.3　(a) 单链 DNA 分子的独立碱基 (主链为绿色, 碱基为交替的颜色) 在穿过石墨烯 (六方晶格) 纳米孔隙时依次占据了该孔隙。读取它们的电导率可揭示分子的序列。连接到石墨烯纳米孔隙的接触电极 (金色、黄色) 分别位于该图片的最左侧和最右侧。(b) 横向电导测量技术的原理图。(经授权引自 H.W. Ch. Postma, *Nano. Lett.* 10, 420–425, 2010)

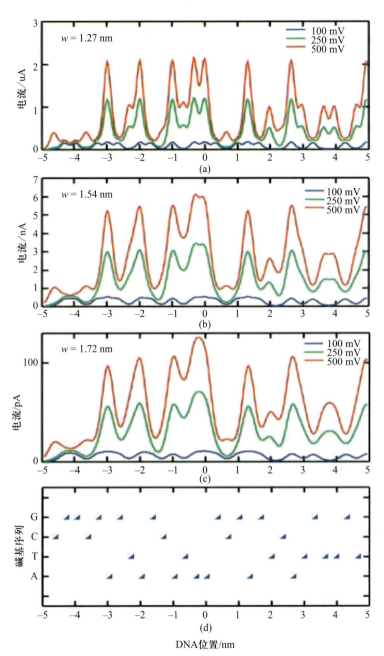

图 5.4 (a)~(c) 单链 DNA 分子分别通过 3 种宽度 (w) 的石墨烯纳米孔隙时, 流过石墨烯纳米孔隙上的电流强度, 此处列出了偏置电压值。(d) 在这次仿真中, 使用了随机序列 CGG CGA GTA GCA TAA GCG AGT CAT GTT GT。(经授权引自 H.W. Ch. Postma, *Nano.Lett.* 10, 420–425, 2010)

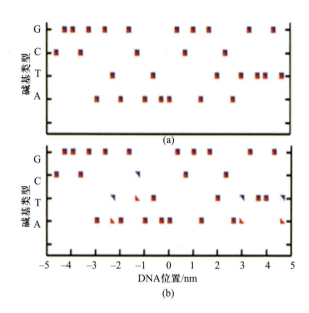

(a)

(b)

图 5.5   (a) 采用三角形来代表正文中所述的碱基类型 (蓝色三角形为实际碱基类型; 红色三角形为从 ψ 值推导出的碱基类型)。当 $w = 1.1 \sim 1.6$ nm 时, 推导出的碱基类型很准确。(b) 当 $w = 1.7$ nm 时, 交叠的电流峰值导致了识别错误。(经授权引自 H.W. Ch. Postma, *Nano.Lett.* 10, 420–425, 2010)